개정판

알기 쉬운 전기공학개론

조성현 저

도서출판 동화기술

머리말

Goal leads your life (목표가 당신의 인생을 인도해 준다.)

산업 혁명 이후 현대는 산업기술의 획기적인 발전으로 전기이론이 모든 공학과 의학 진단분야 등에 깊숙이 침투하여 접목되고 있다. 때문에 전기이론은 이 분야의 학생 및 현장 기술자들에게 필수적인 학문이 되었다.

따라서 본서의 저자는 전기에 대한 지식과 기술을 습득하는 데 좋은 밑거름이 되기를 바라는 마음으로 본 교재를 저술하였다.

이 책의 특징

1. 총 10장을 통하여 직류회로부터 전기안전까지 단원별로 알기 쉽게 정리하였다.
2. 눈에 보이지 않는 전기를 이해시키려 최대한 많은 그림을 삽입하였다.
3. 시험에 많이 출제되는 것들과 이해를 돕기 위해 예제와 풀이를 수록하였다.
4. 전기 분야를 전공하지 않는 독자도 전기회로, 응용 등의 기본 지식을 습득하여 자격증, 공무원 참고서 그리고 산업 사회에 적응할 수 있도록 내용을 구성하였다.
5. 특히 수학에 자신 없는 분들을 위하여 Appendix 편에 기초 수학을 첨부하였다. (수학에 기초가 없는 독자들도 2~3일 정도 공부하면 이해할 수 있는 정도이고 이것만 알면 전기를 이해하는데 충분할 것이다.)

저자는 본서를 통하여 전기에 대한 기본 지식을 함양하는데 조금이나마 기여할 수 있기를 바라는 마음으로 최선을 다해 저술하였으나, 본의 아니게 오류나 보완점이 있을 것이라 생각된다. 이런 부족한 부분은 앞으로 수정·보완할 것이며 독자들의 의견도 수렴·반영할 것을 약속한다.

독자를 포함한 모든 분들 사랑합니다.

목 차

생각이라는 씨앗을 뿌리면 행동이라는 열매를 거둘 것이고
행동이라는 씨앗을 뿌리면 습관이라는 열매를 거둘 것이고
습관이라는 씨앗을 뿌리면 인격이라는 열매를 거둘 것이고
인격이라는 씨앗을 뿌리면 인생성공이라는 열매를 거둘 것이다.

여러분들의 인생성공을 기원하며...

CHAPTER 01

직류회로

1. 전기의 역사
2. 물질의 구조
3. 전압과 전류
4. 옴의 법칙
5. 컨덕턴스
6. 전력 및 전력량
7. 줄의 법칙
8. 저항의 접속
9. 배율기와 분류기
10. 키르히호프의 법칙
11. 휘스톤 브리지
12. 전지
13. 열전 현상

1 전기의 역사

(1) 탈레스

인류가 전기를 처음 알게 된 것은 기원전 600년경에 그리스의 철학자인 탈레스(Thales)에 의해서였다. 그는 호박(amber)이라는 광물을 명주 또는 모피로 문지르면 가벼운 종이나 털 등을 끌어당기는 현상을 발견하고 이를 전기(electricity)라고 이름 지은 것에서 시작되었다.

전기를 영어로 electricity라고 하는데, 이 말의 근원은 그리스어인 일렉트론(electron)이며, 일렉트론은 호박이라는 뜻이다.

(2) 프랭클린

그림 1-1과 같이 비구름이 많은 여름철의 천둥은 강한 번개와 소리를 동반하면서 고층 건물이나 나무 등에 떨어진다. 이러한 현상은 비구름의 하단에 발생한 음(−) 전하가 지표면에 유도된 양(+) 전하를 끌어당겨 순간적으로 중화되기 때문에 일어나는 것인데 이를 낙뢰(벼락)라고 한다.

그림 1-1 천둥번개 실험

1752년에 프랭클린은 구름 속으로 연을 날려 뇌운 속에 양(+)과 음(−)의 전기가 있음을 확인하였으며, 이 정전기를 라이덴병에 담는 실험에 성공하였다. 그는 이 실험을 통해서 번개와 전기는 같다는 것을 입증하고 피뢰침을 발명하였다.

(3) 우리나라의 전기역사

우리나라에 처음으로 전기가 들어온 것은 에디슨이 백열전구를 발명한 지 8년 후인 1887년이다. 경복궁의 향원정 연못가에 16[W]짜리 750개를 켤 수 있는 발전 설비를 설치하였다.

표 1-1은 전기 및 자기 관련 분야의 주요 개척자들과 단위들을 나타낸 것이다.

표 1-1 전기·자기 관련분야의 주요 개척자

이 름	활동기간	업 적	단 위
탈레스(Thales)	636~546 B.C	전기와 자기의 개척자	
길버트(Gilbert, W)	1540~1603 A.D	지구가 거대한 자석임을 확인	길버트(Gb)
뉴턴(Newton, I)	1642~1727	운동법칙과 만유인력을 공식화	뉴턴(N)
프랭클린(Franklin, B)	1706~1790	전하의 보존법칙 발견	
쿨롱(Coulomb, C.A)	1736~1806	전기력과 자기력 측정	쿨롱(C)
와트(Watt, J)	1736~1819	증기력의 응용분야를 개척	와트(W)
가우스(Gauss, K)	1777~1855	전속에 대한 발산정리 발표	가우스(G)
볼타(Volta, A)	1745~1827	볼타전지 발명	볼트(V)
외르스테드(Oersted, H.C)	1777~1851	전기가 자기를 생성함을 발견	에르스테드(Oe)
앙페르(Ampere, A.M)	1775~1836	솔레노이드 발명	암페어(A)
헨리(Henry, J)	1797~1878	전자유도 실험, 전신기와 중계장치 발명	헨리(H)
옴(Ohm, G.S)	1787~1845	옴의 법칙을 세움	옴(Ω)
패러데이(Faraday, M)	1791~1867	자기가 전기를 생성함을 입증	패러드(F)
웨버(Weber, W.E)	1804~1891	지구자기에 대한 선구적인 연구	웨버(W)
줄(Joule, J.P)	1818~1889	열이 전류의 제곱에 비례함을 입증	줄(J)
맥스웰(Maxwell, J.C)	1831~1879	전자기학의 일반 이론을 세움	맥스웰(Mx)
헤르츠(Hertz, H)	1857~1894	라디오 전파의 송신 및 수신실험	헤르츠(Hz)
마르코니(Marconi, G)	1874~1937	대서양을 횡단하여 라디오 신호를 전송	
에디슨(Edison, T.A)	1847~1931	백열전구 발명, 최초의 발전소를 세움	
테슬라(Tesla, N)	1856~1943	전력을 교류 송전함, 유도 전동기를 발명	테슬라(T)
아인스타인(Einstein, A)	1879~1955	상대성 이론으로 맥스웰 방정식을 일반화	

2 물질의 구조

(1) 물질의 구성

모든 물질은 분자 또는 원자(atom)의 집합으로 되어 있으며, 이들 원자는 원자핵(atomic nucleus)과 그 주위를 회전하는 전자(electron)들로 구성되어 있다. 원자핵은 전기적 성질을 갖지 않는 중성자(neutron)와 양전기를 띠는 양성자(proton)로 구성되어 있다.

표 1-2 양성자, 중성자, 전자의 성질

입 자	전하량	질 량
양성자	$+1.60219 \times 10^{-19}$ C	1.67261×10^{-27} kg
중성자	0 C	1.67491×10^{-27} kg
전 자	-1.60219×10^{-19} C	9.10956×10^{-31} kg

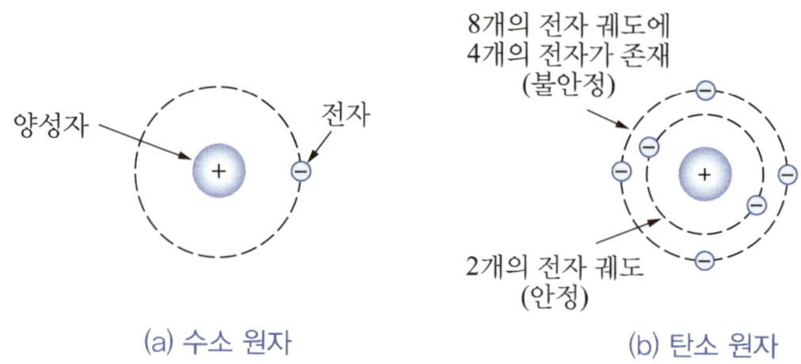

그림 1-2 원자 모형

(2) 전기의 발생

1) 자유전자

원자핵 주위를 돌고 있는 전자 중에서 가장 바깥쪽 궤도를 돌고 있는 전자를 최외각 전자라 부르며, 이들 전자는 원자핵과의 결합력이 가장 약해 외부에너지나 자극에 의해 쉽게 이탈할 수 있는데 이처럼 원자핵의 구속력을 벗어나서 자유로이 이동하는 전자를 자유전자(free electron)라 하며 이 자유전자의 이동으로 전기가 발생한다.

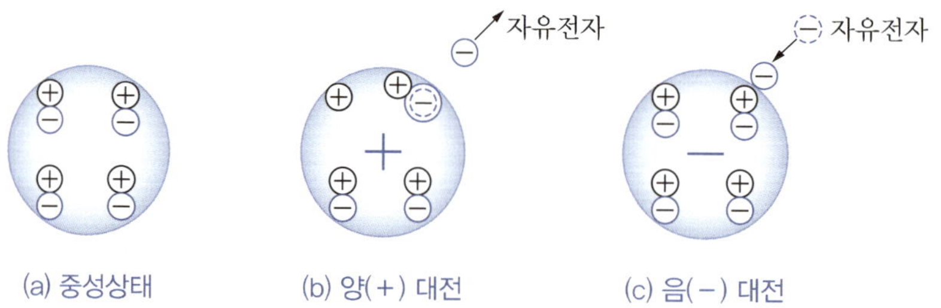

그림 1-3 전기의 발생

2) 대전현상

유리막대를 명주로 문지르면 유리막대에 양전기(positive electricity), 명주에 음전기(negative electricity)가 발생되는데 이와 같이 어떤 물질이 양전기나 음전기를 띄는 현상을 대전(electrification)되었다고 하고 대전된 물체를 대전체(electrified body)라 한다.

정상 상태에서 물질들은 전기적으로 중성을 유지하는데 어떤 원인으로 전자가 물질 밖으로 나가면 음전기가 적어져서 물질은 양전기를 띄게 되어 양전하 상태가 되고, 밖에서 전자가 들어오면 음전기가 많아져서 물질은 음전기를 띄게 되어 음전하 상태가 된다.

대전된 물체가 가지고 있는 전기 또는 전기량을 전하(electric charge) 라고 하며, 전기량(quantity of electricity)의 단위는 쿨롱(C)을 사용한다.

3 전압과 전류

(1) 전류

전류의 본질은 전자의 이동이다. 그림 1-4와 같이 전지의 양극(+)과 음극(−)사이에 전선을 사용하여 전구를 접속하고 스위치를 닫으면 전구가 점등된다.

이것은 전류(electric current)가 전선을 통해 전구에 흘렀기 때문이다. 이때 전류의 방향은 (+)극에서 (−)극 쪽으로 흐른다고 약속이 되어 있는데, 사실은 자유전자가 전지의 (−)극에서 (+)극 쪽으로 이동하였기 때문이다. 즉, 전류의 방향과 전자의 방향은 반대가 된다. 이는 전자가 발견되기 전인 19세기 초에 전류의 방향을 (+)극에서 (−)극으로 정해 놓았기 때문에 현재에도 사용되고 있다.

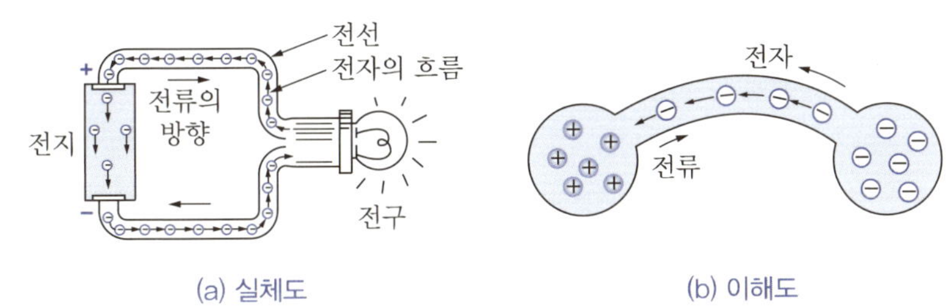

그림 1-4 전자의 흐름과 전류의 방향

전자가 가지고 있는 전기를 전하라고 하며 기호는 Q, 단위는 C(쿨롱)를 사용한다.

어떤 도체의 단면적을 t[s] 동안에 Q[C]의 전하가 통과하였다면 전류의 크기 I[A]는 다음과 같이 정의된다.

$$I = \frac{Q}{t}\,[\mathrm{A}]$$

여기서, I : 전류[A]
t : 시간[S]
Q : 전하[C]

예제 1-1 전선의 단면을 1초 동안에 10[C]의 전하가 통과할 때, 이 전선에 흐른 전류의 크기는 몇 [A]인가?

풀이 $t=1$, $Q=10$이므로 $I=\frac{Q}{t}\,[\mathrm{A}]$에 대입 $I=\frac{10}{1}=10\,[\mathrm{A}]$

예제 1-2 어떤 도체의 단면을 20분 동안 36,000[C]의 전기량이 통과하였다면 전류의 크기는 몇 [A]인가?

풀이 $t=20\,[\mathrm{min}]=1200\,[\mathrm{sec}]$이므로 $I=\frac{Q}{t}\,[\mathrm{A}]$에 대입 $I=\frac{36000}{1200}=30\,[\mathrm{A}]$

(2) 전압

전지와 전구를 전선으로 연결하면 전류가 흘러 전구에 불이 켜진다. 왜 전류가 흐르게 되는지 알기 쉽게 이해하기 위해 물의 흐름과 연관시켜 보자.

물은 수위가 높은 곳에서 낮은 곳으로 흐르며 두 점 사이의 수위차가 클수록 물 흐름의 세기 또는 물의 속도가 커진다. 마찬가지로 도선 속 전하의 이동 역시 도선 두 지점간의 전위차가 있어야 이루어진다. 이 전기적인 높이를 전위(electric potential), 전위의 차를 전위차(potential difference) 또는 전압(voltage)이라고 한다.

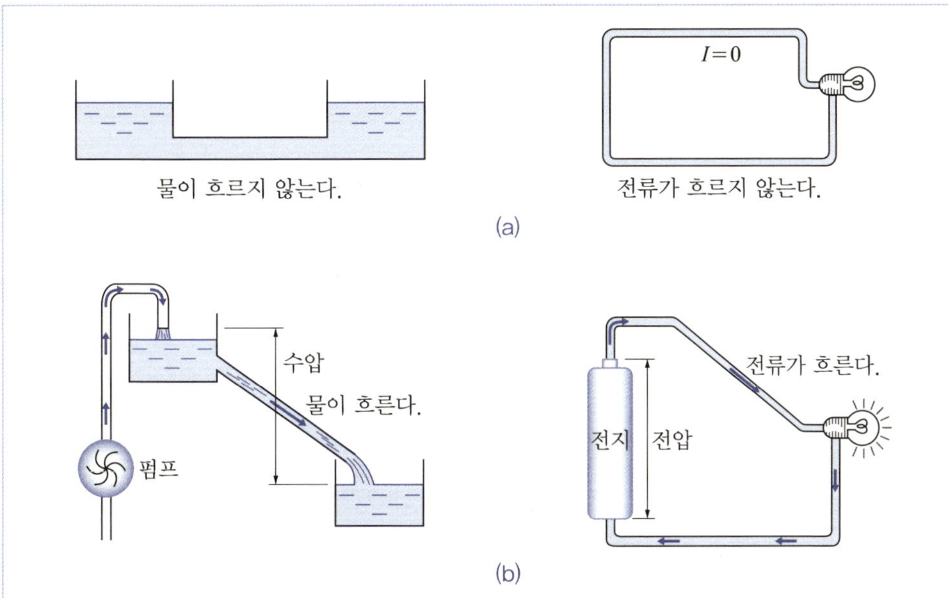

그림 1-5 수압과 전압의 비교

1[V]란 1[C]의 전하가 도선의 두 점간을 이동할 때 얻거나 잃은 에너지가 1[J]일 때의 전위차를 말한다. 따라서 Q[C]의 전하가 도체를 이동하며 W[J]만큼의 일을 하였다면, 그 두 점간의 전위차 V는 다음과 같은 관계가 성립된다.

$$V = \frac{W}{Q}\,[\mathrm{V}] \quad \text{또는} \quad W = QV\,[\mathrm{J}]$$

여기서, V : 전압[V]
W : 일[J]
Q : 전하[C]

예제 1-3 30[C]의 전하량이 한 일이 300[J]이었다면 이때 전압은 몇 [V]인가?

풀이 $Q=30$, $W=300$이므로 $V = \frac{W}{Q}\,[\mathrm{V}] = \frac{300}{30} = 10\,[\mathrm{V}]$

(3) 기전력

도체의 내부에 전위차를 생기게 하여, 그 사이에 전하를 이동시켜 전류를 통하게 하는 원동력이 되는 것을 기전력(emf : electromotive force)이라고 하며, 기전력을 발생하여 전류를 공급하는 장치를 전원(power source)이라 한다.

전지의 기전력은 전지를 통과하는 전하의 쿨롱당 전지가 한 일로 나타낸다. 만약 전지가 1C의 전하에 1J를 했다면 이 전지의 기전력은 1J/C 혹은 1V이다.

4 옴의 법칙

(1) 전기 저항

도체에 전류가 흐를 때 그 전류 흐름을 방해하는 성질을 가지는 회로 소자를 전기 저항(electrical resistance) 또는 저항(resistance)이라고 하며, 단위로는 옴[Ω, ohm]을 사용한다. 1[Ω]이란 1[V]의 전압을 가했을 때 1[A]의 전류가 회로에 흐를 때의 저항값을 말한다.

저항은 도체의 형상, 재질 및 주위 온도에 따라 달라지며 도체의 길이 l[m], 단면적 A [m^2]일 때 다음 식으로 나타낸다.

$$R = \rho\frac{l}{A} = \rho\frac{l}{\pi r^2} = \rho\frac{4l}{\pi d^2}, \quad A = \pi r^2 = \frac{\pi}{4}d^2$$

여기서, ρ : 도체의 고유저항
l : 도체의 길이
A : 단면적
r : 반지름
d : 지름

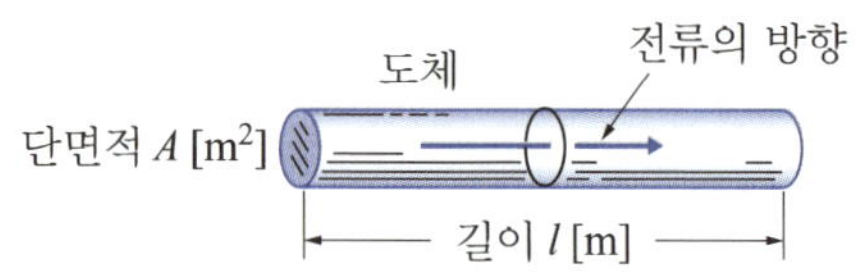

그림 1-6 도체의 전기 저항

일반적으로, 상온에서 보통 금속의 저항은 아래의 식과 같이 온도 상승에 따라 증가한다.

$$R_2 = R_1[1 + \alpha(t_2 - t_1)]$$

여기서, t_1 : 상승 전의 온도[℃]

t_2 : 상승 후의 온도[℃]

R_1 : t_1℃에서 도체의 저항

R_2 : t_2℃에서 도체의 저항

α : t_1℃에서 온도계수

온도 변화에 의한 저항의 변화를 비율로 나타낸 것을 저항의 온도계수(temperature coefficient)라 하며, 기호로 α_1, 단위는 [1/℃]로 나타낸다.

또한 t_1[℃]에 있어서의 저항 온도계수 α는 다음과 같이 정의된다.

$$\alpha = \frac{1}{234.5 + t_1} [1/℃]$$

그러나 규소, 게르마늄, 탄소, 아산화동과 같은 반도체(semiconductor)는 온도가 올라가면 반대로 저항값이 감소한다.

예제 1-4 20[℃]에서 저항이 40[Ω]인 동선이 있다. 만약 온도가 150[℃] 상승하면 이 동선의 저항값은 얼마인가? (온도계수는 0.0038이다.)

풀이 $R_2 = R_1[1 + \alpha(t_2 - t_1)] = 40[1 + 0.0038(150 - 20)] = 59.76$

(2) 옴의 법칙

도체에 흐르는 전류 I[A]는 인가전압 V[V]에 비례하고 저항 R[Ω]에 반비례하는데 이를 옴의 법칙(ohm's law)이라고 하며 다음과 같은 식으로 나타낸다.

$$I = \frac{V}{R}, \quad V = IR$$

표 1-3 전압, 전류, 저항의 표기

용 어	기 호	단 위	읽 기
전 압	V	[V]	볼트(Volt)
전 류	I	[A]	암페어(Ampere)
저 항	R	[Ω]	옴(ohm)

예제 1-5 24[V]의 전압을 인가할 때 2[A]의 전류가 흐르는 회로가 있다. 이 회로의 저항은 몇 [Ω]인가?

풀이 $R = \frac{V}{I} = \frac{24}{2} = 12\,[\Omega]$

5 컨덕턴스

컨덕턴스(conductance)는 저항의 역수로 전류의 흐르는 정도를 나타내며 기호는 G, 단위 [℧, mho]로 나타낸다.

$$G = \frac{1}{R}\,[℧]$$

일정한 전압을 인가할 때 회로에 흐르는 전류는 컨덕턴스 G에 비례하므로 G가 클수록 회로에 전류가 흐르기 쉽다.

$$I = \frac{V}{R} = GV\,[\mathrm{A}]$$

6 전력 및 전력량

(1) 전력

직류회로 또는 교류회로에 전압을 인가하면 부하에서 전기가 소비된다. 즉 전구, 전열기, 전동기, 컴퓨터 등의 부하에 전압을 가하면 전류가 흘러 전기에너지가 여러 가지 다른 에너지로 변환되어 일을 하게 되는데 이를 전력이라고 한다.

전력(electric power)은 단위 시간에 전기가 하는 일량, 즉 전기의 일률로 정의되며 단위로는 와트(watt, W) 기호는 P를 사용한다. 즉, 1[W]는 매초 1[J]의 일을 하는 전력을 말한다.

1[V]의 전압에서 1[A]의 전류가 흐르면 전류는 매초 1[J]의 일을 하게 되므로, 전압 V[V]에서 I[A]의 전류가 흘렀을 때 전력 P는 다음과 같이 표현된다.

$$P = VI = I^2R = \frac{V^2}{R} \text{ [W]}$$

또한 전력은 마력(Horse Power : HP)으로도 표현할 수 있으며 다음과 같은 값을 갖는다.

$$1[\text{HP}] = 746[\text{W}], \quad 1[\text{PS}] = 736[\text{W}]$$

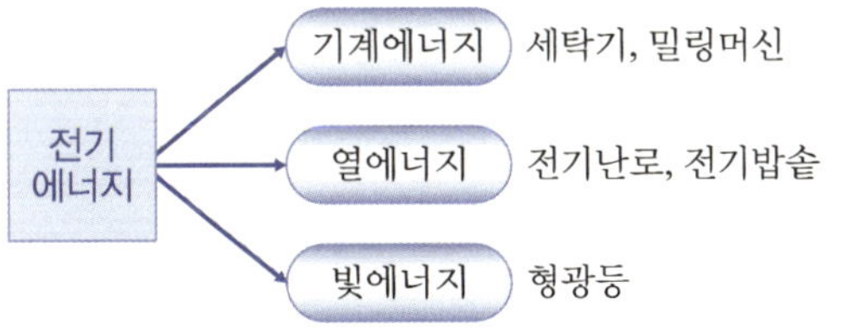

그림 1-7 전기에너지의 변환과 응용

예제 1-6 저항 500[Ω]에 전류가 5[A]이면, 전력[kW]은 얼마인가?

풀이 $P = VI = I^2R = 5^2 \times 500 = 12500\ [\text{W}] = 12.5\ [\text{kW}]$

예제 1-7 어떤 가정용 전기 기기에 220[V]의 전압을 인가했을 경우 1[kW]의 전력이 소비되었다. 이 때 전기 기기에 흐르는 전류는 몇 [A]인가?

풀이 $I = \frac{P}{V} = \frac{1000}{220} = 4.545\,[\mathrm{A}]$

(2) 전력량

전류가 일정한 시간동안 소비한 전력의 양을 전력량(electric energy)이라고 하며, 단위는 Wh(watt hour)이며 보통 kWh를 사용한다.

전력량을 측정하는 것은 전력량계이며 가정에서 사용하는 모든 전기기기의 전력 소비량을 측정하는 것을 적산 전력계(Watt hour meter)라 한다.

P[W]의 전력을 t시간 동안 사용했을 때 사용된 전력 W는 다음과 같이 표현된다.

$$W = Pt\,[\mathrm{Wh}]$$

또한 전력량은 열량 단위로도 환산할 수 있다.

$$1\,[\mathrm{kWh}] = 0.24 \times 3.6 \times 10^6\,[\mathrm{cal}] = 860\,[\mathrm{kcal}]$$
$$1\,[\mathrm{J}] = 0.24\,[\mathrm{cal}]$$
$$1\,[\mathrm{BTU}] = 252\,[\mathrm{cal}]$$

예제 1-8 1[kW]의 전력을 2시간 동안 사용했을 때 전력량은 몇 [kWh]인가?

풀이 $W = Pt = 1 \times 2 = 2\,[\mathrm{kWh}]$

예제 1-9 500[W]의 전기밥솥을 하루 2시간씩 30일간 사용할 경우 소비되는 전력량[kWh]은 얼마인가?

풀이 $W = Pt = 500 \times (2 \times 30) = 30{,}000\,[\mathrm{Wh}] = 30\,[\mathrm{kWh}]$

예제 1-10 2.5[kW]짜리 전열기를 1시간 동안 사용하였다면 발생한 열량[kcal]은?

풀이 $W = Pt = 2.5 \times 1 \times 860 = 2150\,[\mathrm{kcal}]$

7 줄의 법칙

도체에 전류가 흐를 때 열이 발생하는데 이를 최초로 발견한 사람이 줄(Joule)이기 때문에 발견자의 이름을 따서 줄열이라고 한다.

저항 R의 도선에 전류 I를 흐르게 하면 도체 내에서 발생되는 열량 H는 다음과 같은 식으로 표현할 수 있으며

$$H = I^2Rt = \frac{V^2}{R}t\ [\mathrm{J}]$$

이를 줄의 법칙(Joule's law)이라 하며, 이 때 발생되는 열이 줄열(Joule heat)이다.

줄의 법칙에서 에너지를 열량(calorie)으로 표시하면 1[J] = 0.24[cal]이므로

$$H = 0.24I^2Rt\ [\mathrm{cal}]$$

가 된다.

이 줄열은 가정의 전기장판, 전기난로, 전기밥솥 등에 이용하며, 공업에서는 전기로, 전기용접기 등에 이용한다.

절연전선에서는 줄열에 의해 절연물이 열화되어 절연성능이 떨어지고 더 진행되면 화재로까지 진행될 수 있다.

예제 1-11 저항 5[Ω]의 도체에 5[A]의 전류가 흐른 경우 발생하는 열량[cal]은?

풀이 $H = 0.24I^2Rt = 0.24 \times 5^2 \times 5 = 30\ [\mathrm{cal}]$

예제 1-12 220[V], 5[A]의 전류를 흘려 2400[cal]의 열을 발생시키려고 한다. 소요시간[s]을 구하시오.

풀이 $H = 0.24I^2Rt$에서 $R = \frac{V}{I} = \frac{220}{5} = 44$

$$t = \frac{H}{0.24I^2R} = \frac{2400}{0.24 \times 5^2 \times 44} = 9.09\ [\mathrm{s}]$$

---

8 저항의 접속

(1) 직렬 접속

각각의 저항을 일렬로 접속하는 것 또는 전원과 저항 등이 직렬로 접속되어 있는 회로를 직렬 접속(series connection)이라 한다.

1) 직렬회로의 합성저항

그림 1-8과 같이 저항 R_1, R_2, R_3를 직렬로 접속하면 각 저항에는 같은 전류 I가 흐른다.

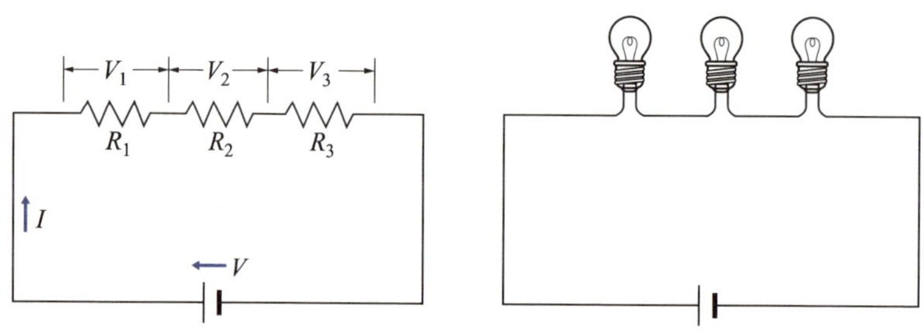

그림 1-8 직렬 접속

이때, 전 전압 V는

$$V = V_1 + V_2 + V_3 = I(R_1 + R_2 + R_3) = IR\,[\mathrm{V}]$$

이 되고, 합성저항(combined resistance) R은 다음과 같이 된다.

$$R = \frac{V}{I} = \frac{I(R_1 + R_2 + R_3)}{I} = R_1 + R_2 + R_3\,[\Omega]$$

즉, 직렬 접속일 때의 합성저항은 각 저항의 합과 같다.

2) 저항 n개의 직렬 합성저항

R'[Ω]의 값을 가지는 동일한 저항 n개를 직렬로 접속하면 합성저항 R은 R'의 n배가 된다.

$$R = nR'$$

3) 전압의 분배

저항을 직렬로 접속하고 그 양 끝에 직류전압을 가하면, 각 저항에는 그 저항의 크기에 비례하는 전압이 걸린다.

$$V_1 = IR_1 = \frac{R_1}{R}V = \frac{R_1}{R_1 + R_2}V\ [\mathrm{V}]$$

$$V_2 = IR_2 = \frac{R_2}{R}V = \frac{R_2}{R_1 + R_2}V\ [\mathrm{V}]$$

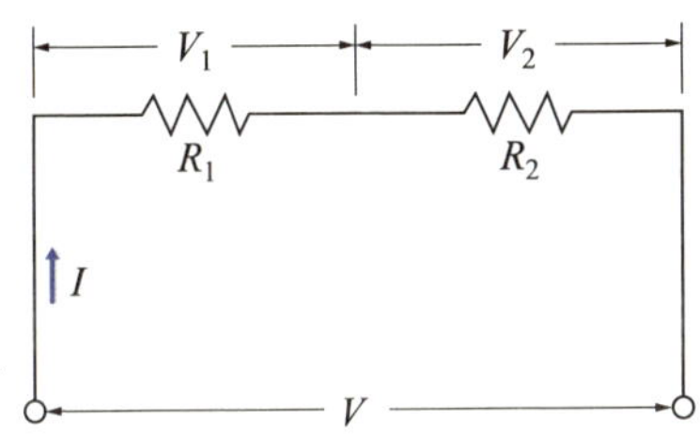

그림 1-9 직렬회로의 전압분배

(2) 병렬 접속

2개 이상의 저항 양 끝을 각각 한 곳에서 접속하는 접속법을 병렬 접속(parallel connection)이라 한다.

1) 병렬회로의 합성저항

그림 1-10과 같이 저항 R_1, R_2, R_3에 같은 전압 V가 걸리도록 나란하게 접속하면, 전 전류 I는 각 저항에 나누어져서 흐른다.

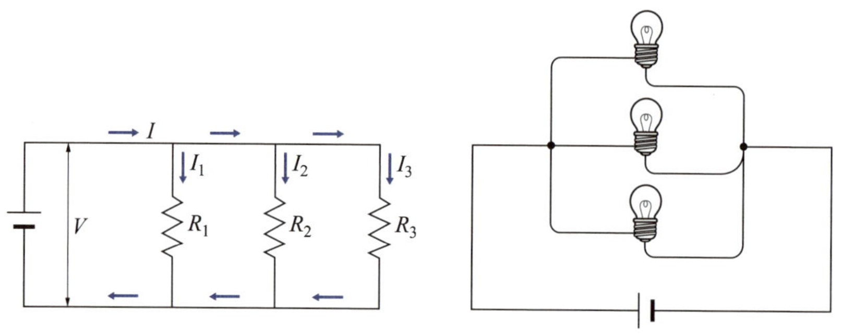

그림 1-10 **병렬 접속**

$$I = I_1 + I_2 + I_3 = V\left(\frac{1}{R_1} + \frac{1}{R_2} + \frac{1}{R_3}\right) = \frac{V}{R}$$

따라서, 합성저항 $R[\Omega]$은

$$\frac{1}{R} = \frac{1}{R_1} + \frac{1}{R_2} + \frac{1}{R_3}$$

또는

$$R = \frac{1}{\frac{1}{R_1} + \frac{1}{R_2} + \frac{1}{R_3}}$$

즉, 병렬 접속일 때 합성저항은 각 저항의 역수의 합의 역수와 같다.

2) 저항 n개의 병렬 합성저항

$R'[\Omega]$의 값을 가지는 동일한 저항 n개를 병렬로 접속하면 합성저항 R은 R'의 $1/n$배가 된다.

$$R = \frac{R'}{n}$$

3) 전류의 분배

저항이 병렬로 접속되어 있는 회로에 전류가 들어오면, 전류는 다음 식과 같이 각 저항에 분류된다.

$$I_1 = \frac{V}{R_1} = \frac{R_2}{R_1 + R_2} I\,[\mathrm{A}], \qquad I_2 = \frac{V}{R_1} = \frac{R_1}{R_1 + R_2} I\,[\mathrm{A}]$$

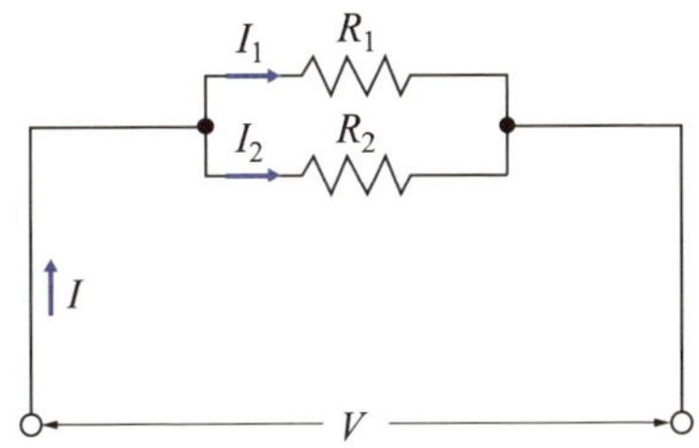

그림 1-11 병렬회로의 전류분배

(3) 직·병렬 접속

저항의 접속에는 직렬 접속과 병렬 접속을 조합한 직·병렬 접속이 있으며, 그림 1-12는 그 예이다.

직·병렬 접속의 합성저항은 직렬 접속과 병렬 접속을 다루는 방법을 응용해 구할 수 있다.

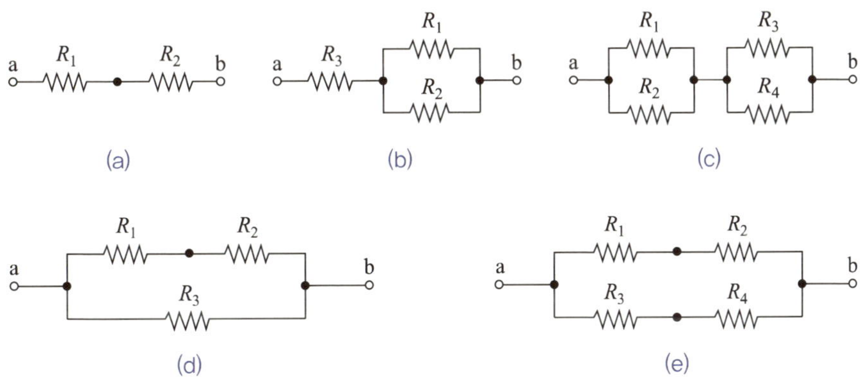

그림 1-12 직·병렬 접속

예제 1-13 그림 1-12(e)에서 R_1 :10[Ω], R_2 :10[Ω], R_3 :10[Ω], R_4 :10[Ω]일 때, 합성저항 R은 몇 [Ω]인가?

풀이 $R' = R_1 + R_2 = 10 + 10 = 20$, $R'' = R_3 + R_4 = 10 + 10 = 20$

$$R = \frac{R' \times R''}{R' + R''} = \frac{20 \times 20}{20 + 20} = 10\ [\Omega]$$

9 배율기와 분류기

(1) 배율기

배율기는 전압계의 측정범위를 넓히기 위한 목적으로 전압계(Volt-meter)에 직렬로 접속하는 저항기이다.

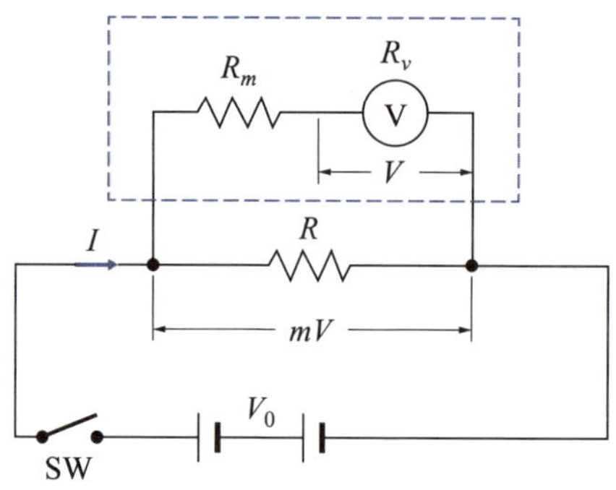

그림 1-13 배율기

그림 1-13과 같은 회로에서 전지 V_0의 단자 전압을 측정하려면 $V = R_v I = \dfrac{R_v V_0}{R_v + R_m}$에서

$$V_0 = \frac{R_v + R_m}{R_v} V = \left(1 + \frac{R_m}{R_v}\right) V\ [\mathrm{V}]$$

여기서, V_0 : 확대된 전압

V : 전압계 최대눈금
R_m : 배율기 저항
R_v : 전압계 내부저항

배율기의 배율 m, 배율기의 저항 R_m은 다음과 같다.

$$m = \frac{V_0}{V} = \left(\frac{R_m}{R_v} + 1\right), \quad R_m = (m-1)R_v$$

(2) 분류기

분류기는 전류계의 측정범위를 넓히기 위해 전류계(Ampere-meter)와 병렬로 접속하는 저항기이다.

그림 1-14와 같이 회로를 접속하고 스위치를 넣어 전류를 흘릴 때, 전류계의 지시를 I_A, 회로에 흐르는 전류를 I_0라 하면 $I_A = \dfrac{R_S}{R_S + R_A} I_0$에서

$$I_0 = I_A \times \frac{R_S + R_A}{R_S} = I_A\left(1 + \frac{R_A}{R_S}\right)$$

여기서, I_0 : 확대된 전류
I_A : 전류계 지시
R_S : 분류기 저항
R_A : 전류계 내부저항

따라서, 분류기의 배율 m, 분류기의 저항 R_S은 다음과 같다.

$$m = \left(\frac{R_A}{R_S} + 1\right), \quad R_S = \frac{R_A}{m-1}$$

여기서, R_A : 전류계의 내부저항
R_S : 분류기 저항
R : 부하 저항

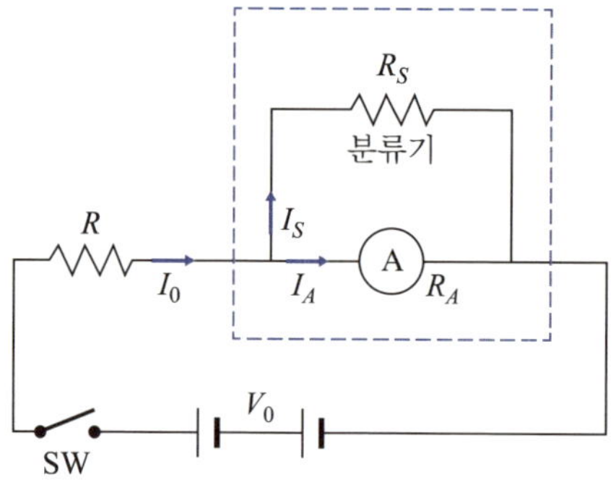

그림 1-14 분류기

10 키르히호프의 법칙(Kirchhoff's law)

(1) 키르히호프의 제1법칙 (전류법칙)

키르히호프의 전류법칙은 회로 내의 임의의 도선의 접속점에 유입하는 전류와 유출하는 전류의 대수합은 0이다. 즉, 회로 내의 임의의 한 점에 들어오는 전류의 합은 나가는 전류의 합과 같다. 일반적으로 전류법칙에서 임의의 점에서, 들어오는 전류에는 (+)부호를 나가는 전류에는 (−)부호를 사용한다.

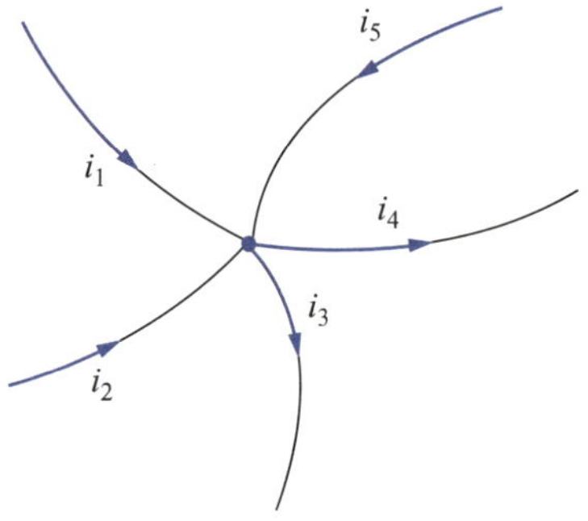

그림 1-15 키르히호프의 전류법칙

그림 1-15에서 접속점 a에 들어오는 전류 I_1, I_2, I_5라 하고 나가는 전류 I_3, I_4라 하면 키르히호프의 전류법칙에서

$$I_1 + I_2 + (-I_3) + (-I_4) + I_5 = 0$$

또는

$$I_1 + I_2 + I_5 = I_3 + I_4$$

가 된다. 일반적인 경우에는

$$\sum_{k=1}^{n} I_k = 0$$

이 된다. 키르히호프의 전류법칙은 $I_{\text{in}} = I_{\text{out}}$이다.

예제 1-14 그림에서 i_5의 전류 크기[A]는? ($i_1 = 3$, $i_2 = 2$, $i_3 = 5$, $i_4 = 4$)

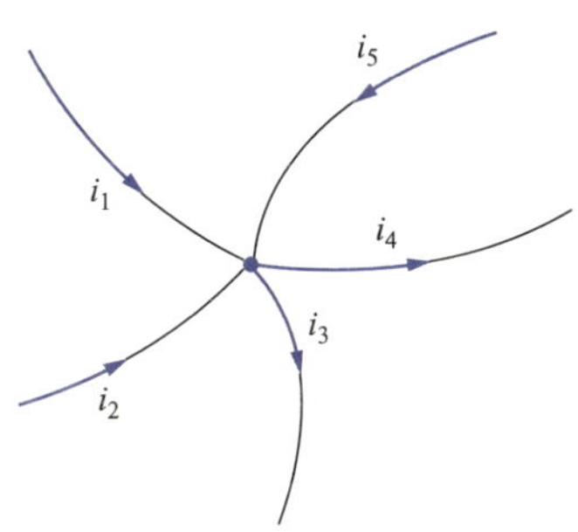

풀이 $I_1 + I_2 + I_5 = I_3 + I_4$에서 $I_5 = I_3 + I_4 - I_1 - I_2 = 5 + 4 - 3 - 2 = 4$

(2) 키르히호프의 제2법칙 (전압법칙)

키르히호프의 전압법칙은 임의의 폐회로 I_2에서 한 방향으로 일주하면서 취한 전압의 총합과 전압강하의 총합은 같다. 그림 1-16에서 시계방향으로 일주할 때 전압상승, 즉 먼저 접하게 되는 전압단자의 극성이 (+)이면 그 전압의 부호는 (+)가 되고, 반대로 전압의 극성이 (−)이면 그 전압의 부호는 (−)가 된다.

$$V_1 - V_2 = I_1 R_1 + I_2 R_2 + I_3 R_3$$

가 된다. 일반적인 경우에는

$$\sum_{k=1}^{n} V_k = 0$$

이 된다. Σ기전력 = Σ전압강하이다.

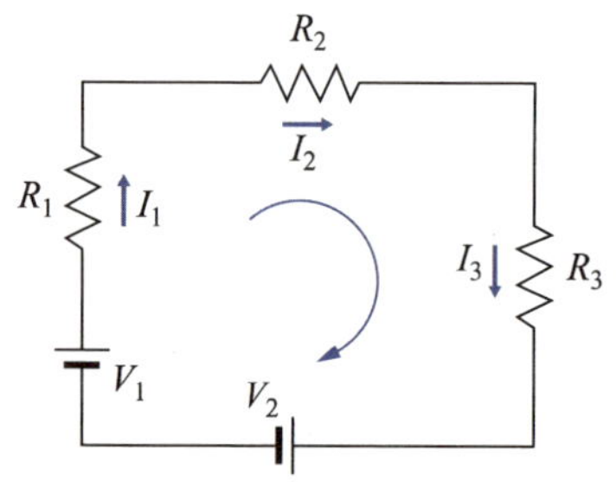

그림 1-16 키르히호프의 전압법칙

11 휘스톤 브리지(Wheatstone Bridge)

그림 1-17에서 검류계 G의 지시치가 0이면 브리지가 평형 되었다고 하며 c, d점 사이의 전위차가 0이다. 이때 평형조건은 다음과 같다.

$$I_1 P = I_2 Q, \quad I_1 X = I_2 R \qquad \therefore PX = RQ$$

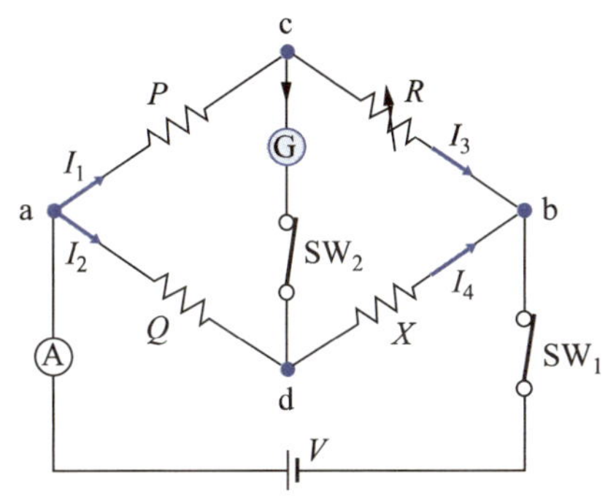

그림 1-17 휘스톤 브리지

12 전지

(1) 전지의 종류

화학 변화에 의해서 생기는 에너지, 열, 빛 등의 물리적인 에너지를 전기에너지로 변환하는 장치를 전지라 하며 전지의 종류에는 1차 전지(primary cell)와 2차 전지(secondary cell)가 있다.

1) 1차 전지(primary cell)

한번 방전하면 다시 사용할 수 없는 전지로 망간건전지, 수은전지 등이 있다.

2) 2차 전지(secondary cell)

방전 방향과 반대 방향으로 충전하여 재사용 할 수 있는 전지로 납축전지, 알칼리축전지 등이 있다.

(2) 1차 전지

1) 망간건전지

망간건전지는 탄소를 도전체로 하여 그 둘레에 이산화망간(MnO_2)과 탄소질 분말을 밀착시킨 것을 양극으로 사용하고 금속아연(Zn)을 음극으로 사용한다.

특징으로는

① 소용량 전지이고 장시간 사용할 수 있다.

② 저장성이 좋다.

③ 가격이 저렴하다.

음극 : $Zn + 2OH^- \rightarrow ZnO + H_2O + 2e^-$

양극 : $2MnO_2 + H_2O + 2e^- \rightarrow Mn_2O_3 + 2OH^-$

2) 수은전지

수은전지는 아연을 음극으로 하고, 산화아연과 수산화칼륨을 전해액으로 사용하며, 양극에는 산화수은을 사용한다.

특징으로는

① 용적 당 전기용량이 크다.

② 방전전압의 변화가 작다.

③ 보존성이 좋으나 고가이다.

(3) 2차 전지

1) 연(납)축전지

연축전지는 양극에 이산화납(갈색)을 사용하고, 음극에 스펀지 상태의 납(회백색)을 사용하며, 전해액은 황산수용액을 사용한다.

연축전지의 충전 및 방전에 따르는 화학반응식은 다음과 같다.

$$\underset{(+)}{PbO_2} + \underset{\text{전해액}}{2H_2SO_4} + \underset{(-)}{Pb} \underset{\text{충전}}{\overset{\text{방전}}{\rightleftarrows}} \underset{(+)}{PbSO_4} + \underset{\text{물}}{2H_2O} + \underset{(-)}{PbSO_4}$$

2) 알칼리축전지

알칼리축전지는 주로 니켈 카드뮴식이 사용되며, 이는 양극의 활성화 물질로서 수산화니켈과 흑연을 사용하고 음극에서는 카드뮴과 철을 사용한다. 전해액으로는 비중 1.2～1.245의 수산화칼륨 수용액을 사용한다.

니켈 카드뮴 축전지의 충전·방전 식은 다음과 같다.

$$Cd + Ni_2O_3 \leftrightarrow CdO + 2NiO$$

13 열전 현상

(1) 제어벡 효과(Seebeck effect)

서로 다른 두 종류의 금속 접속면에 온도차를 주면 기전력이 발생하는 효과를 제어벡 효과라 한다. 이때 흐르는 전류를 열전류라고 하며 열전온도계나 열감지기 등에서 응용하여 사용한다.

제어벡 효과를 이용하기 위한 금속 쌍으로는 구리-콘스탄탄, 철-콘스탄탄, 크로멜-알루멜, 백금-로듐 등이 있다.

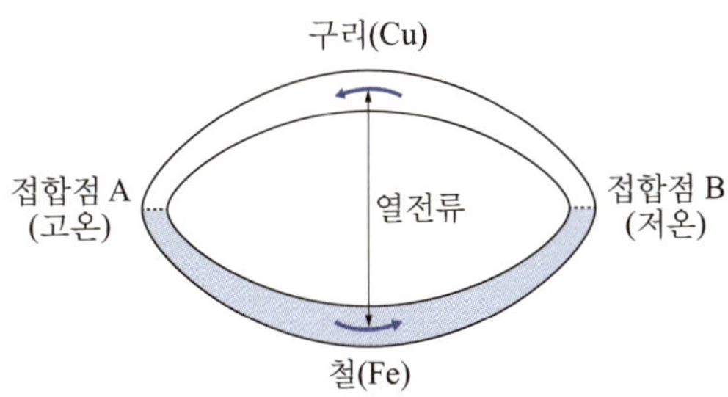

그림 1-18 제어벡 효과

(2) 펠티어 효과(Peltier effect)

제어벡 효과의 반대 현상으로 같은 온도에 있는 두 종류의 금속 접속면에 전류를 흘리면 전류의 방향에 따라 접합면에서 열을 흡수하거나 발생하는 현상이 일어나는데 이를 펠티어 효과라 한다.

펠티어 효과가 큰 것을 여러 개 접속하고, 열을 흡수하는 방향으로 전류를 흘리면 냉각 장치로 이용할 수 있으며 전자 냉동기 등에 응용된다.

(3) 톰슨 효과(Thomson effect)

제어벡 효과나 펠티어 효과는 서로 다른 이종의 금속에 의한 효과이지만, 톰슨 효과는 동일한 금속 도선의 두 지점에 온도차를 주고 고온 쪽에서 저온 쪽으로 전류를 흘리면 도선에서 열의 발생 또는 흡수가 일어난다. 열을 흡수한 경우에는 톰슨 효과가 음(−)으로 된다고 하며, 반대로 열을 발생시킬 경우에는 양(+)으로 된다고 한다. 톰슨 효과가 철은 (−)로 구리는 (+)로 된다.

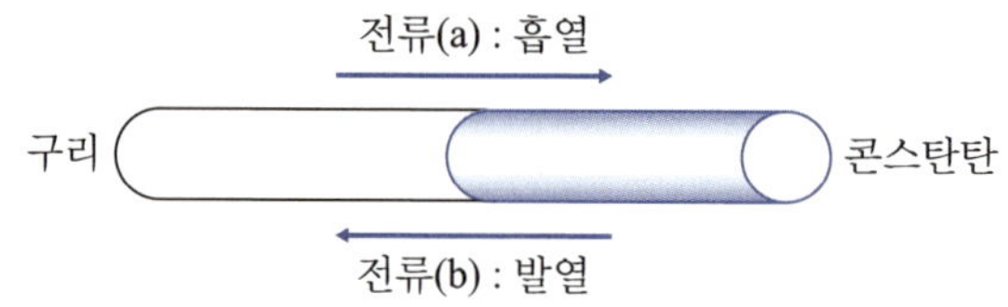

그림 1-19 톰슨 효과

(4) 핀치 효과(Pinch effect)

액체 도체에 직류 인가 시 자기장의 구심력에 의해 액체 도체 단면이 수축되어 도체 중심부에 전류가 모이면 단면의 수축으로 전류의 흐름이 다시 작게 되고 전류의 흐름이 작게 되면 액체 단면은 원상태로 복귀하고 다시 전류가 흐르면 수축력이 작용하여 이를 반복하는 현상을 핀치 효과라 한다. 핀치 효과를 이용하여 용광로에서 전선이나 철사를 일정한 굵기로 제조할 때 활용한다.

(5) 압전 현상(Piezoelectric effect)

수정(Crystal), 로셀염, 전기석 등의 결정에 압력 또는 충격을 가하면 기전력이 발생하는 현상을 압전 현상이라 한다.

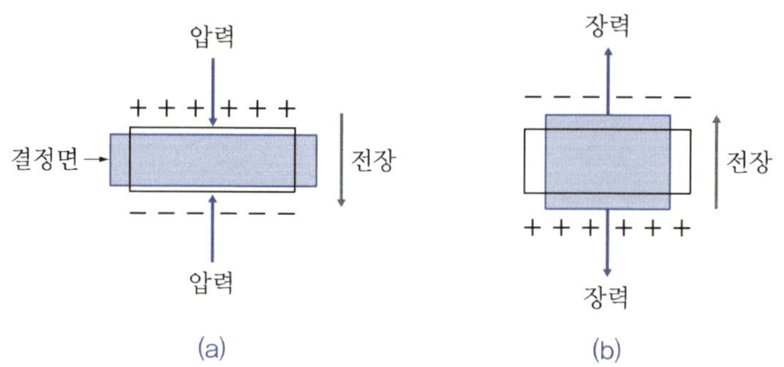

그림 1-20 압전 현상

(6) 초전 현상(Pyroelectricity effect)

온도변화에 따라 유전체의 분극(표면전하)이 변화하여 전압이 나타나는 현상으로 불꽃감지기나 광센서 등에 응용된다.

연습문제

01 10[C]의 전하가 5초 동안 어느 점을 통과하고 있다. 이때의 전류[A]를 구하라.

02 10[A]의 전류가 5분간 도선에 흘렀을 때 도선 단면을 지나는 전기량[C]은 얼마인가?

03 단면적 5[cm^2]인 도체를 3초 동안에 30[C]의 전하가 이동하였다면 전류는 몇 [A]인가?

04 그림과 같은 회로에서 I는 몇 [A]인가? (단, 저항의 단위는 [Ω]이다.)

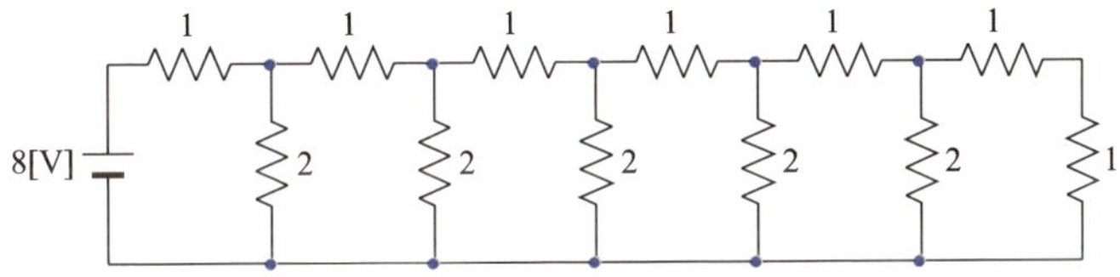

05 $R = 1$[Ω]의 저항을 그림과 같이 무한히 연결할 때, a, b 간의 합성저항은?

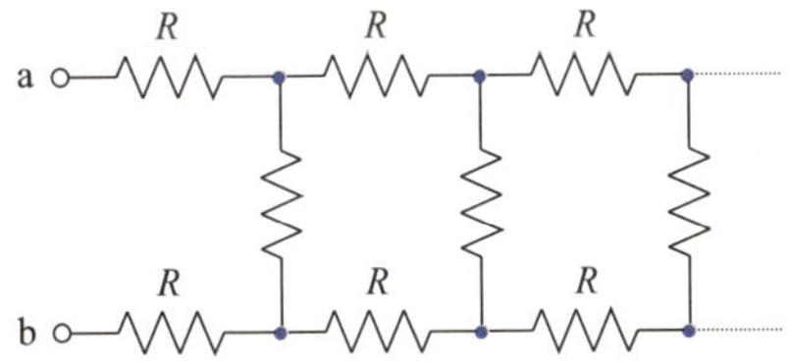

06 금속도체의 전기 저항은 온도 상승에 따라 감소한다. (참/거짓)

07 일정 전압의 전원에 저항을 접속하여 전류를 흘릴 때 저항 값을 10[%] 감소시키면 전류는 본래 저항에 흐르는 전류에 비해 10[%] 증가한다. (참/거짓)

08 2[Ω]의 저항 10개를 직렬로 연결했을 때는 병렬로 연결했을 때의 몇 배인가?

09 부하 저항 $R[\Omega]$에 5[A]의 전류가 흐를 때 소비전력이 500[W]이었다. 부하 저항은 몇 $[\Omega]$인가?

10 정격전압이 220[V]이고 저항이 110$[\Omega]$ 백열등에 의해 소비되는 전력[W]은?

11 3[V]의 전위차로 1[A]의 전류가 2분 동안 흐를 때 한 일은 몇 [J]인가?

12 어떤 회로에 $V=200+j20$ [V]인 전압을 가했을 때 $I=8+j6$ [A]인 전류가 흘렀다. 이 회로의 소비전력은 몇 [W]인가?

13 그림과 같은 회로망에서 I_4의 전류[A]는 얼마인가? ($I_1=3$, $I_2=2$, $I_3=4$)

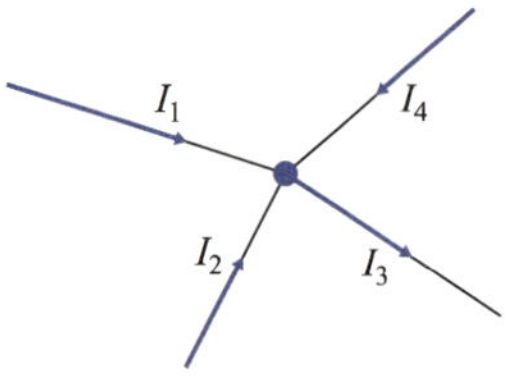

14 $i=2t^2+8t$ [A]의 전류가 도선에 3초 동안 흘렀을 때 통과한 전하량은?

15 두 종류의 금속으로 된 회로에 전류를 통하면 각 접속점에서 열의 흡수 또는 발생이 일어나는 현상을 무엇이라 하는가?

CHAPTER 02

정전계

1 정전기 성질

(1) 마찰전기

부도체인 책받침을 옷감이나 모피에 여러 번 마찰시킨 뒤 머리 위에 대면 머리카락이 책받침 쪽으로 서는 것을 볼 수 있다. 이것은 플라스틱 책받침이 마찰에 의하여 전기를 띠기 때문이다.

이와 같이 어떤 물체를 마찰할 때 전기적 성질을 가지는 현상을 대전(electrification)이라 하고, 대전된 물체를 대전체(electrified body)라 한다.

대전체가 가지는 전기량을 전하(electric charge)라 하며, 대전체에 정지되어 있으므로 정전기(static electricity)라 한다.

전하에는 양전하와 음전하 두 종류가 있으며, 같은 부호의 전하끼리는 서로 반발하고, 다른 부호의 전하끼리는 서로 끌어당기는 성질이 있다.

이와 같이, 두 전하 사이에 작용하는 힘을 전기력(electric force) 또는 정전기력(electrostatic force)이라 한다.

(2) 정전유도

그림 2-1과 같이, 대전되지 않은 도체 B 근처에 대전체 A를 가까이 하면, 도체 B는 대전체 A에 가까운 쪽에는 다른 종류의 전하가 유도되고, 먼 쪽에는 대전체 A와 같은 종류의 전하가 유도된다. 이와 같은 현상을 정전유도(electrostatic induction)라 한다.

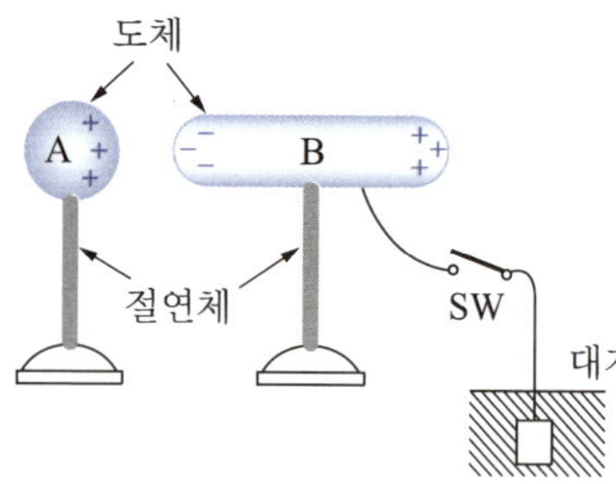

그림 2-1 정전유도

이와 같은 현상은 도체 B 중의 전자가 (+)의 대전체 A에 이끌려 왼쪽으로 집중되고, 오른쪽에는 전자가 부족하여 (+)로 대전되기 때문이다.

이때, 도체에 유도된 양전하량과 음전하량은 서로 같으며, 대전체를 멀리 가져가면 도체는 원래의 중성 상태로 되돌아간다.

(3) 정전차폐(electrostatic shielding)

그림 2-2(a)와 같이, 대전체 A를 속이 빈 도체 B로 둘러싸 주면, 도체 B의 내면에는 도체 A와는 다른 부호의 전하가, 외면에는 같은 부호의 전하가 나타나게 되므로, 외부의 도체 C는 정전유도에 의한 영향을 받는다.

이때, 그림 2-2(b)와 같이 도체 B를 접지 하면 외면에 생긴 전하는 대지로 이동하여 없어지므로 도체 C는 정전유도의 영향을 받지 않게 되며, 도체 C에 전하를 주더라도 도체 A는 정전유도를 일으키지 않는다. 이를 정전차폐라 하며 이는 전자기기 등에서 외부 전장의 영향을 방지하는데 이용되고 있다.

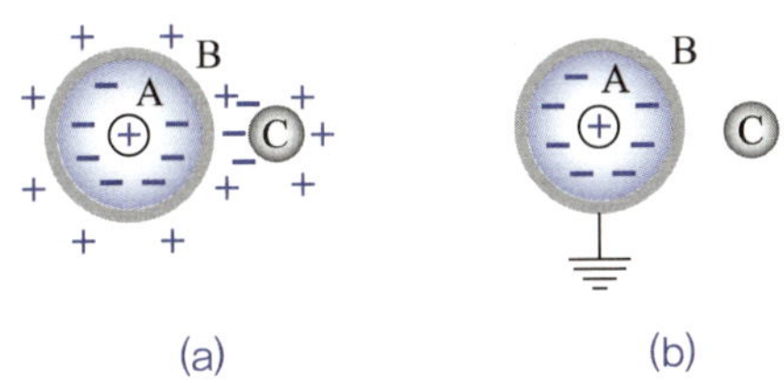

그림 2-2 정전차폐

2 쿨롱의 법칙

자석에 N극과 S극이 있듯이, 전하에는 양(+)전하와 음(−)전하가 있다. 같은 전하끼리는 밀어내고 다른 전하끼리는 끌어당긴다. 이와 같은 힘을 정전기력이라 하고 이 정전기력을 나타낸 것이 정전기에 관한 쿨롱의 법칙이다.

각각 Q_1[C]과 Q_2[C]의 두 전하 사이에 작용하는 힘(전기력)은 두 전하의 크기(전기량)의 곱에 비례하고, 두 전하 사이의 거리의 제곱에 반비례한다.

그림 2-3과 같이, 전하가 진공 중에서 r[m]의 거리에 있을 때, 이들 사이에 작용하는 힘 F는 다음 식으로 나타낸다.

$$F = k\frac{Q_1 Q_2}{r^2}\ [\mathrm{N}]$$

여기서, F : 힘[N]

Q : 전하[C]
r : 두 전하 사이의 거리[m]

여기서, k는 비례상수로 다음과 같은 값을 가진다.

$$k = \frac{1}{4\pi\epsilon_0} = 9\times10^9\,[\mathrm{m/F}]$$

여기서, ϵ_0 : 진공의 유전율(8.85×10^{-12})

전하가 진공 이외의 매질 중에 있을 때에는 다음과 같이 된다.

$$F = 9\times10^9\times\frac{Q_1Q_2}{\epsilon_s r^2}\,[\mathrm{N}]$$

여기서, ϵ_s는 매질의 비유전율(dielectric constant)로서 매질의 종류에 따라 다르다. 진공 중에서는 $\epsilon_s=1$이고, 공기 중에서는 $\epsilon_s \fallingdotseq 1$이다.

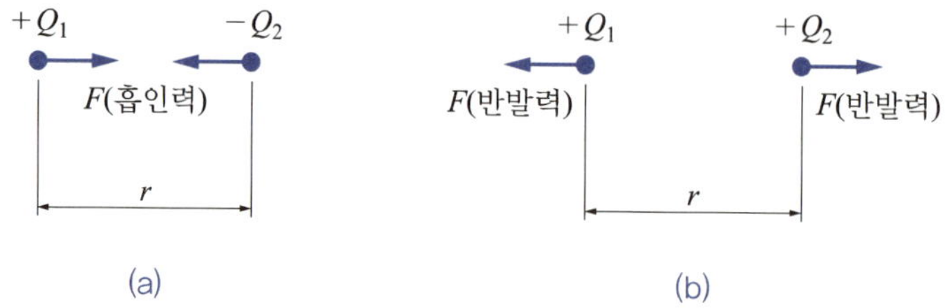

그림 2-3 두 전하 사이의 전기력

예제 2-1 0.1[μC], 0.2[μC]의 두 전하를 공기 중에서 0.2[m]의 거리에 놓았을 때, 두 전하 사이에 작용하는 힘[N]을 구하여라.

풀이 $F = 9\times10^9\frac{Q_1Q_2}{r^2} = 9\times10^9\frac{0.1\times10^{-6}\times0.2\times10^{-6}}{(0.2)^2} = 4.5\times10^{-3}\,[\mathrm{N}]$

3 전기장의 세기

(1) 전기장(electric field)

자석 주위에 자기장이 형성되는 것과 같이 모든 전하 주위에는 전기력이 작용하는 전장(electric field) 또는 전기장이 존재한다.

이 전기장에서 양전하가 받는 힘의 방향이 전기장의 방향이 되며, 전기장 내에 단위 전하를 놓았을 때 여기에 미치는 힘의 크기는 전기장의 세기 또는 전계강도 E로 정의된다. 즉, 전계강도란 단위 양전하가 받는 힘을 말하며, 단위는 [V/m] 또는 [N/C]을 사용한다.

전기장 내에 +1[C]의 전하를 놓았을 때 이 단위 점전하에 작용하는 힘의 세기를 전기장의 세기라 하며 쿨롱의 법칙에 따라 다음과 같이 나타낼 수 있다.

$$E = \frac{1}{4\pi\epsilon_0} \times \frac{Q \times 1}{r^2} = \frac{1}{4\pi\epsilon_0} \times \frac{Q}{r^2} = 9 \times 10^9 \times \frac{Q}{r^2}\,[\mathrm{V/m}]$$

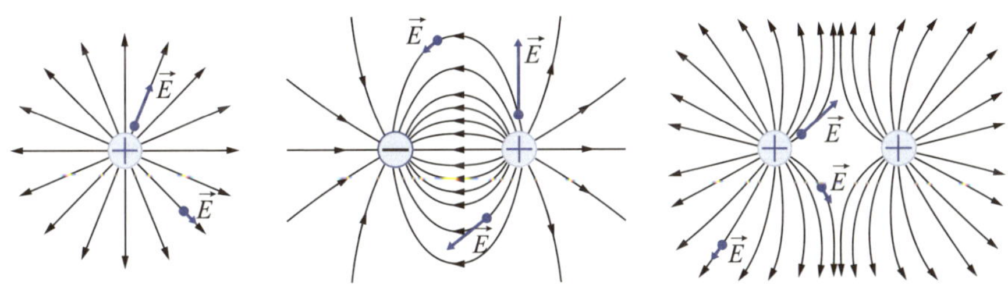

그림 2-4 전기장과 전기력선

(2) 전기력선

전기장의 크기와 방향을 선으로 나타낸 것을 전기력선(line of electric force) 또는 전속선(electric flux lines)이라고 한다.

전장 내의 임의의 점에서 전기장의 세기는 전기력선 밀도로 나타내며, 방향은 그 점을 지나는 전기력선의 접선 방향으로 나타낸다.

전기력선의 성질

① 전기력선은 정(+)전하에서 시작하여 부(−)전하에서 끝난다.

② 전기력선의 접선 방향은 그 접점에서의 전계의 방향과 일치한다.
③ 전위가 높은 점에서 낮은 점으로 향한다.
④ 그 자신만으로 폐곡선이 되지 않는다.
⑤ 전하가 0이 아닌 곳에서는 2개의 전기력선은 교차하지 않는다.
⑥ 단위 전하에서는 $1/\epsilon_0$개의 전기력선이 출입한다.
⑦ 도체 표면(등전위면)에서 수직으로 출입한다.
⑧ 전하가 없는 곳에서는 전기력선의 발생, 소멸이 없고 연속적이다.
⑨ 도체 내부에는 전기력선이 없다.
⑩ 수직 단면의 전기력선 밀도는 전계의 세기와 같고 전기력선의 접선 방향은 전계의 방향과 같다.

4 정전용량과 커패시터

(1) 정전용량(electrostatic capacity)

그림 2-5와 같이, 두 개의 금속판(전극)을 서로 마주 보게 하고 직류 전원에 접속하면 전원의 (+)극에 연결된 금속판에는 (+)전하가, (−)극에 연결된 금속판에는 (−)전하가 모이게 된다. 이때 양·음 전하는 두 전극 사이에 있는 매질을 통하여 상대방의 전하를 끌어당겨 전극위에 축적되는데 이를 충전(charge)이라고 하고, 축적된 전하를 방출하게 되는 것을 방전(discharge)이라고 한다.

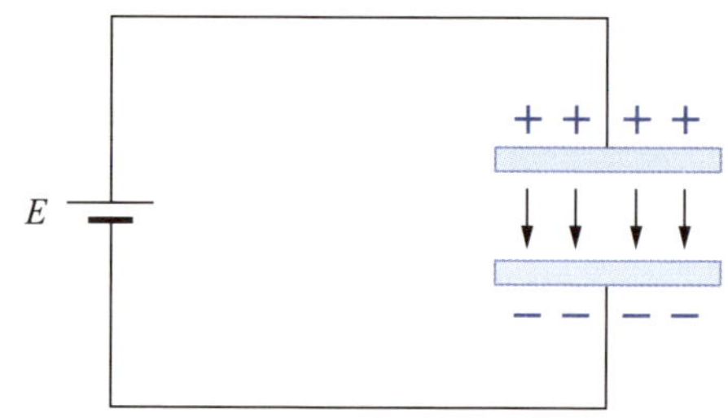

그림 2-5 정전용량

이때, 전원전압 E[V]에 의해 전극에 축적된 전하를 Q[C]라고 하면, E와 Q 사이에는 다음의 관계가 성립한다.

$$C = \frac{Q}{E}\,[\mathrm{F}]$$

이때 C는 전극이 전하를 축적하는 능력의 정도를 나타내는 상수로서 정전용량이라 하며, 단위는 패러드(farad, 기호 F)를 사용한다.

실용상 1[F]는 매우 크기 때문에 마이크로 패러드[μF], 피코 패러드[pF]를 일반적으로 사용한다.

$$1\,[\mu\mathrm{F}] = 10^{-6}\,[\mathrm{F}]$$
$$1\,[\mathrm{nF}] = 10^{-9}\,[\mathrm{F}]$$
$$1\,[\mathrm{pF}] = 10^{-12}\,[\mathrm{F}]$$

(2) 커패시터(capacitor)

전하를 축적할 목적으로 두 개의 도체 사이에 절연물 또는 유전체를 삽입한 것을 커패시터(capacitor) 또는 콘덴서(condenser)라 한다.

종류에는 정전용량 값이 고정된 고정 커패시터(fixed capacitor)와 정전용량의 값을 가변할 수 있는 가변 커패시터(variable capacitor)로 나눌 수 있다.

고정 커패시터는 전극 사이에 넣은 유전체의 종류에 따라 종이 커패시터, 마이카 커패시터, 세라믹 커패시터 및 전해 커패시터 등이 있다.

가변 커패시터는 줄여서 바리콘이라고도 부르며 유전체의 종류에 따라 공기 가변 커패시터, 폴리 커패시터 등이 있다.

1) 커패시터 용량

평행판 사이의 정전용량 C는 평행판의 면적을 $A\,[\mathrm{m}^2]$, 극판 사이의 간격 d[m], 극판 사이에 채워진 절연체의 유전율을 ϵ이라 하면 커패시터의 용량 C[F]는 다음과 같다.

$$C = \epsilon\frac{A}{d}\,[\mathrm{F}]$$

커패시터의 정전용량을 크게 하려면

① 극판의 면적을 넓게 한다.

② 극판간의 간격을 작게 한다.

③ 비유전율이 큰 절연체를 사용한다.

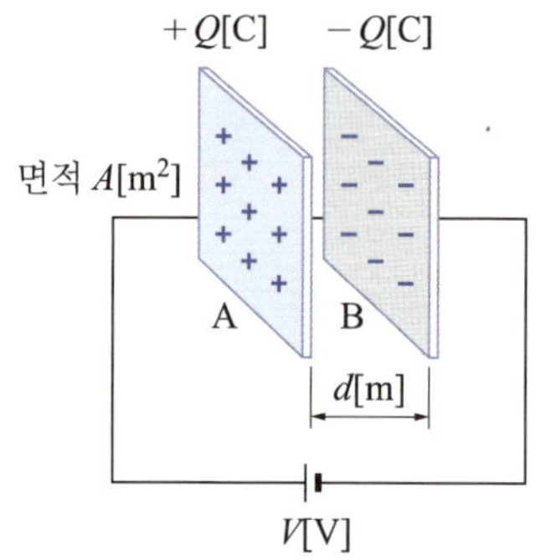

그림 2-6 정전용량

(3) 커패시터의 접속

1) 직렬 접속

커패시터에 인가할 수 있는 전압은 한계가 있으므로 커패시터에 걸리는 전압이 커지면 두 개 이상의 커패시터를 직렬로 연결하여 사용한다.

정전용량이 C_1, C_2, C_3인 세 개의 커패시터를 그림 2-7과 같이 직렬로 접속하고, 전압 E[V]을 인가하면 커패시터에 가해지는 전압 V_1, V_2, V_3는 다음과 같다.

$$V_1 = \frac{Q}{C_1}\,[\mathrm{V}] \qquad V_2 = \frac{Q}{C_2}\,[\mathrm{V}] \qquad V_3 = \frac{Q}{C_3}\,[\mathrm{V}]$$

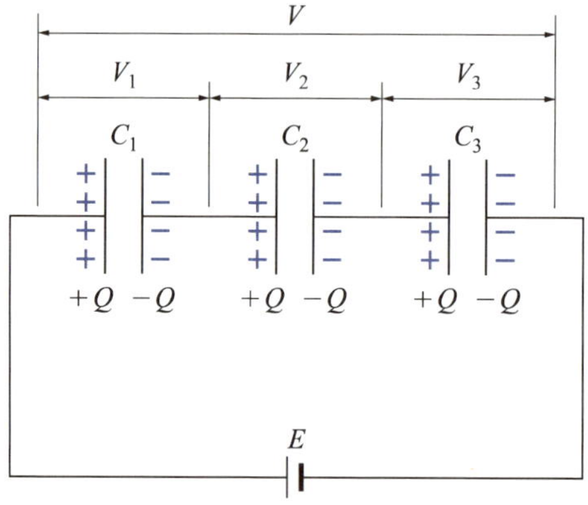

그림 2-7 커패시터의 직렬연결

따라서 전체 전압 E[V]는 다음과 같이 나타낸다.

$$E = V_1 + V_2 + V_3 \,[\mathrm{V}]$$
$$= \frac{Q}{C_1} + \frac{Q}{C_2} + \frac{Q}{C_3} = Q\left(\frac{1}{C_1} + \frac{1}{C_2} + \frac{1}{C_3}\right) [\mathrm{V}]$$

그러므로 직렬 접속 회로의 합성 정전용량 C[F]는 다음과 같이 나타낸다.

$$C = \frac{Q}{E} = \frac{1}{\left(\dfrac{1}{C_1} + \dfrac{1}{C_2} + \dfrac{1}{C_3}\right)} [\mathrm{F}]$$

예제 2-2 그림과 같이 커패시터가 직렬로 연결되어 있는 경우 ① 합성 정전용량, ② 각 극의 전하량, ③ 각 커패시터의 전압을 구하시오.

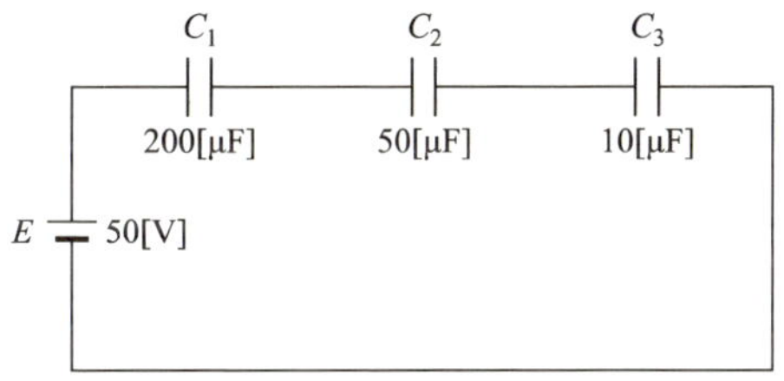

풀이 ① $\dfrac{1}{C_T} = \dfrac{1}{C_1} + \dfrac{1}{C_2} + \dfrac{1}{C_3} = \left(\dfrac{1}{200} + \dfrac{1}{50} + \dfrac{1}{10}\right) \times 10^{-6} = 0.125 \times 10^{-6}$

$C_T = \dfrac{1}{0.125 \times 10^{-6}} = 8\,[\mu\mathrm{F}]$

② $Q = Q_1 = Q_2 = Q_3$

$Q_T = C_T E = 8 \times 50 = 400\,[\mu\mathrm{C}]$

③ $V_1 = \dfrac{Q_1}{C_1} = \dfrac{400 \times 10^{-6}}{200 \times 10^{-6}} = 2.0\,[\mathrm{V}]$

$V_2 = \dfrac{Q_2}{C_2} = \dfrac{400 \times 10^{-6}}{50 \times 10^{-6}} = 8.0\,[\mathrm{V}]$

$V_3 = \dfrac{Q_3}{C_3} = \dfrac{400 \times 10^{-6}}{10 \times 10^{-6}} = 40\,[\mathrm{V}]$

2) 병렬 접속

정전용량 C_1, C_2, C_3인 세 개의 커패시터를 병렬로 접속하고 전압 E[V]를 인가하면 각 커패시터에 축적되는 전하량 Q_1, Q_2, Q_3은 다음과 같이 된다.

$$Q_1 = C_1 E\,[\mathrm{C}] \qquad Q_2 = C_2 E\,[\mathrm{C}] \qquad Q_3 = C_3 E\,[\mathrm{C}]$$

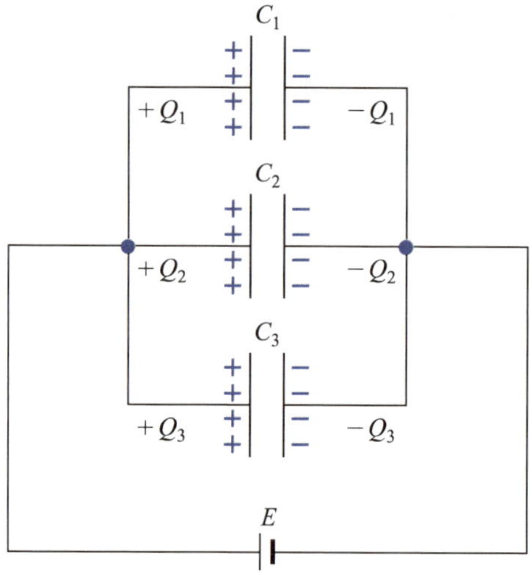

그림 2-8 커패시터의 병렬연결

각 커패시터에 축적되는 전하량 Q_1, Q_2, Q_3은 각각의 커패시터의 정전용량에 비례하므로 회로 전체에 축적되는 전체 전하 Q는 다음과 같다.

$$\begin{aligned} Q &= Q_1 + Q_2 + Q_3 = C_1 E + C_2 E + C_3 E \\ &= E(C_1 + C_2 + C_3)\,[\mathrm{C}] \end{aligned}$$

따라서, 병렬 접속 회로의 합성 정전용량 C[F]는 다음과 같다.

$$C = \frac{Q}{E} = C_1 + C_2 + C_3\,[\mathrm{F}]$$

커패시터를 병렬 연결했을 때의 합성 정전용량은 각각의 커패시터의 용량의 합과 같다.

예제 2-3 그림과 같은 회로망에서 커패시터가 병렬로 연결되어 있을 경우 ① 합성 정전용량, ② 각 극의 전하량, ③ 합성 전하량을 구하시오.

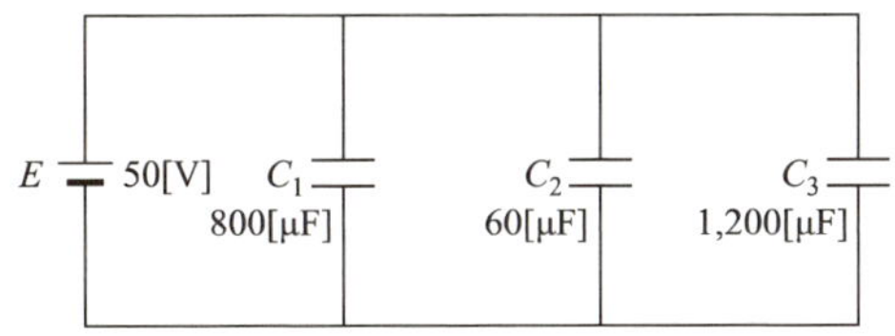

풀이 ① $C_T = C_1 + C_2 + C_3 = 800 + 60 + 1{,}200 = 2{,}060\ [\mu F]$

② $Q_1 = C_1 E = (800 \times 10^{-6}) \times 50 = 40\ [mC]$

$Q_2 = C_2 E = (60 \times 10^{-6}) \times 50 = 3\ [mC]$

$Q_3 = C_3 E = (12{,}00 \times 10^{-6}) \times 50 = 60\ [mC]$

③ $Q = Q_1 + Q_2 + Q_3 = 40 + 3 + 60 = 103\ [mC]$

(4) 커패시터에 저장되는 에너지

회로 소자가 용량성 소자만으로 구성되어 있는 이상적인 커패시터는 공급받는 에너지를 소비하지 않고 도체 표면 사이에 전계 형태로 에너지를 저장한다.

그림 2-9와 같이 커패시터에 충전할 때 발생하는 에너지를 정전에너지(electrostatic energy)라 하고, 기호는 W, 단위는 J (Joule)로 나타낸다.

커패시터는 의학 분야에서 인공심장박동기에 이용한다.

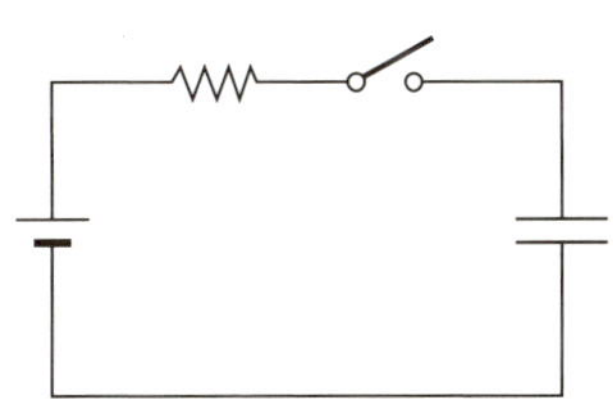

그림 2-9 정전에너지

커패시터에 축적되는 정전에너지 W는 다음과 같이 된다.

$$W = \frac{1}{2}QV = \frac{1}{2}CV^2 = \frac{Q^2}{2C}\ [J]$$

여기서, W : 정전에너지[J]
Q : 전하[C]
V : 전압[V]
C : 정전용량[F]

예제 2-4 150[μF]의 커패시터에 220[V]의 전압을 가하여 충전한 뒤 저항을 통하여 방전시키면 저항 중의 발생열량[cal]은?

풀이 $W=\frac{1}{2}CV^2=\frac{1}{2}\times 150\times 10^{-6}\times (220)^2=3.63[\mathrm{J}]$

$1[\mathrm{J}]=0.24[\mathrm{cal}]$이므로 $3.63[\mathrm{J}]\times \frac{0.24[\mathrm{cal}]}{1[\mathrm{J}]}=0.87[\mathrm{cal}]$

예제 2-5 어떤 커패시터에 200[V]를 가할 때 전하 $Q=1000\times 10^{-6}$[C]이 축적되었다면 축적되는 에너지는 몇 [J]인가?

풀이 $W=\frac{1}{2}QV=\frac{1}{2}\times 1000\times 10^{-6}\times 200=0.1[\mathrm{J}]$

연습문제

01 1[μC], 2[μC]의 두 전하를 공기 중에서 20[cm]의 거리에 놓았을 때, 두 전하 사이에 작용하는 힘 [N]을 구하여라.

02 두 개의 점전하가 진공 중에서 2[m] 떨어져 있을 때 작용하는 힘이 9×10^{9}[N]이면 이 점전하의 전기량[C]은?

03 같은 자극 사이에는 서로 인력이 작용한다. (참/거짓)

04 전기력선은 도체 내부에 있다. (참/거짓)

05 평행판 커패시터의 양극판 면적을 2배로 하고 간격을 1/2배로 하면 정전용량은 처음의 몇 배인가?

06 3×10^{-3}[F]의 커패시터에 24[V]의 전압을 가할 때 충전되는 전하는 몇 [C]인가?

07 $C_1 = 4[\mu F]$, $C_2 = 4[\mu F]$의 커패시터를 직렬로 접속하면 합성 정전용량은 몇 [μF]가 되는가?

08 $C_1 = 4[\mu F]$, $C_2 = 4[\mu F]$의 커패시터를 병렬로 접속하면 합성 정전용량은 몇 [μF]가 되는가?

09 커패시터의 정전용량을 크게 하는 방법은 무엇인가?

10 공기 커패시터를 어떤 전압으로 충전한 다음 전극 간에 유전체를 넣어 정전용량을 2배로 하면 축적된 에너지는 몇 배가 되는가?

11 커패시터에 220[V]를 가할 때 전하 $Q = 2000[\mu C]$이 축적되었다면 축적되는 에너지는 몇 [J]인가?

CHAPTER 03

자기장

1. 자기현상
2. 쿨롱의 법칙
3. 자기장
4. 자성체
5. 자기회로
6. 자화 곡선과 히스테리시스 곡선
7. 전류와 자기 작용
8. 전자유도현상
9. 평해 도체 사이에 작용하는 힘
10. 코일의 결합회로
11. 전자에너지

1 자기현상

자석은 쇠붙이를 끌어당기는 성질이 있고, 중심을 매달면 지구의 남극과 북극을 가리키는데 이와 같은 성질의 근원을 자기(magnetism)라고 하고, 이러한 현상을 자기현상이라 한다.

전하에서 사용되는 +, − 의미와 혼돈을 피하기 위해 이 극들을 북(N)극, 남(S)극으로 부른다. 이 용어는 방향을 알기 위해 나침반을 사용한데서 유래되었다.

자침이 남북을 가리키는 것은 지구 자체가 큰 구상의 자석이고 북극 부근에 S극이 있고, 남극 부근에는 N극이 있기 때문이다.

자석은 같은 종류의 자극끼리는 척력이, 다른 종류의 자극끼리는 인력이 작용하는데 이러한 힘을 자기력(magnetic force)이라고 하며 자기력이 미치는 공간을 자계(magnetic field)라고 한다.

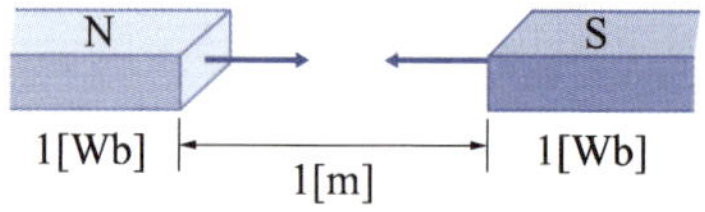

그림 3-1 자력

자석이 가지는 자기량을 자하라 하며, 기호는 m, 단위는 웨버[Wb]를 사용한다. 1웨버란 진공 중에서 같은 세기의 두 점 자극을 1[m]의 거리를 두고 놓았을 때, 자극 상호간에 6.33×10^4[N]의 힘이 작용할 때를 말한다.

2 쿨롱의 법칙(Coulomb's law)

그림 3-2와 같이 서로 다른 두 자극을 가까이 놓으면 흡입력이 발생하고 서로 같은 두 자극을 가까이 놓으면 반발력이 발생하는데 이와 같이 두 자극 사이에 작용하는 힘을 나타낸 식을 쿨롱의 법칙이라 한다.

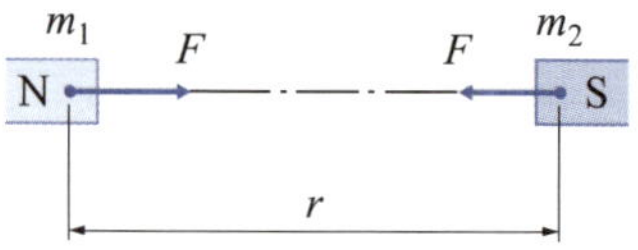

그림 3-2 쿨롱의 법칙

자기력(자력)의 크기는 두 자극 세기의 곱에 비례하고 자극간의 거리의 제곱에 반비례하는데 양 자극이 같은 부호일 때는 반발력이 다른 부호일 때에는 흡인력이 작용한다.

진공 중에 m_1, m_2 세기의 자극을 r의 거리에 놓았을 때 자극 사이에 작용하는 자력의 크기 F는 다음과 같이 된다.

$$F = \frac{1}{4\pi\mu_0}\frac{m_1 m_2}{r^2} = 6.33 \times 10^4 \frac{m_1 m_2}{r^2}\ [\mathrm{N}]$$

여기서, F : 두 자극 사이에 작용하는 힘[N]

μ_0 : 진공의 투자율($4\pi \times 10^{-7}$[H/m])

m_1, m_2 : 자극의 세기

일반 매질일 때

$$F = \frac{1}{4\pi\mu_0}\frac{m_1 m_2}{\mu_r r^2} = 6.33 \times 10^4 \frac{m_1 m_2}{r^2}\ [\mathrm{N}]$$

여기서, μ_r : 비투자율

진공 중에서는 μ_r는 1이며, 공기 중에서는 1.0000004이므로 실용상 1로 본다.

예제 3-1 3×10^{-2}[Wb], 5×10^{-2}[Wb]인 두 자극이 20[cm]의 거리에 있을 때 두 자극 사이에 작용하는 자력의 크기는 몇 [N]인가?

풀이 $F = 6.33 \times 10^4 \frac{m_1 \times m_2}{r^2} = 6.33 \times 10^4 \frac{3 \times 10^{-2} \times 5 \times 10^{-2}}{0.2^2} = 2373.75\ [\mathrm{N}]$

예제 3-2 공기 중에서 2.5×10^{-4}[Wb], 4×10^{-3}[Wb]의 두 자극 사이에 작용하는 힘이 6.33[N]이었다면 두 자극 사이의 거리[m]는?

풀이 $r = \sqrt{\frac{6.33 \times 10^4 m_1 m_2}{F}} = \sqrt{\frac{6.33 \times 10^4 \times 2.5 \times 10^{-4} 4 \times 10^{-3}}{6.33}} = 0.1\ [\mathrm{m}]$

3 자기장

(1) 자계의 세기

자석의 자극 근처에 철편 같은 것을 놓아두면 어떤 힘이 작용하는 것을 알 수 있는데 이와 같이 어떤 힘이 작용하는 공간을 자계(magnetic field) 또는 자기장이라고 한다.

자계 중에 단위 점자하인 1[Wb]를 놓을 때 여기에 작용하는 힘을 자계의 세기(magnetic field intensity) 또는 자기력(magnetic force)이라 하고 기호 H, 단위는 [AT/m] 또는 [N/Wb]를 사용한다.

만일, m[Wb]의 점자극에서 r[m] 떨어진 점의 자계의 세기 H는 다음과 같이 나타낸다.

$$H = 6.33 \times 10^4 \frac{m}{\mu_r r^2} \,[\mathrm{A/m}]$$

H[A/m]인 자장 중에 m[Wb]의 자극을 놓았을 때, 이 자극에 작용하는 자력 F는 다음과 같이 나타낸다.

$$F = mH \,[\mathrm{N}]$$

여기서, F : 자기력
m : 자하
H : 자기장의 세기

m이 양일 때에는 자력은 자장의 방향으로, 음일 때에는 자력은 자장과 반대 방향으로 작용한다.

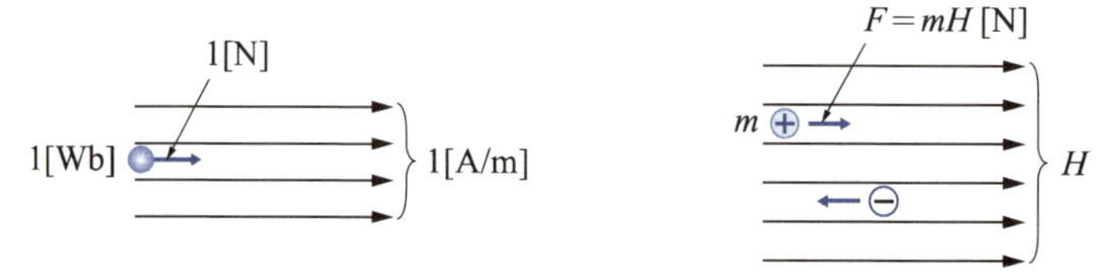

그림 3-3 자장의 세기

(2) 자기력선

자기장의 크기와 방향을 표시하는 가상의 선을 자기력선(lines of magnetic force)이라 한다.

자기력선의 성질

① 자기력선은 N극에서 시작하여 S극에서 끝난다.
② 자극이 존재하지 않는 장소에서는 자기력선의 발생, 소멸은 없다.
③ 임의 점에서의 자기력선의 접선방향은 그 점에서의 자기장의 방향과 같다.
④ 자장 안의 임의 점에서 자기력선 밀도는 그 점에서의 자장의 세기와 같다.
⑤ 두 개의 자기력선은 서로 반발하며 교차하지 않는다.

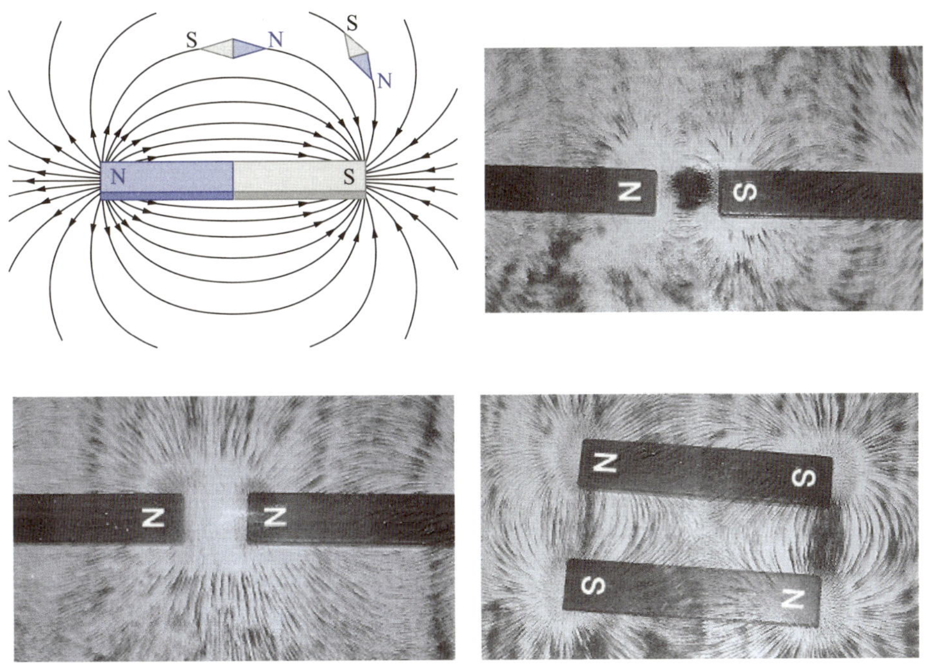

그림 3-4 자기력선

4 자성체

자장 내에 있는 물체가 자기를 띠는 현상을 자기 유도(magnetic induction)라고 하고 이 때 그 물체는 자화(magnetization) 되었다고 하며 이렇게 자화된 물질을 자성체라고 한다.

물질이 쉽게 자화될 때 이 물질은 높은 투자율(permeability)을 지니고 있다고 한다. 상대적으로 쉽게 자화되는 연철은 높은 투자율을 지니고 있는 반면, 강철의 경우는 일반 철보다 낮은 투자율을 지니고 있어 자화되기 훨씬 어렵다. 쉽게 자화되지만 자화 영향이 사라졌을 때 급속히 자기를 잃는 물질을 임시 자석(temporary magnet), 오랫동안 자기를 지니고 있는 물질을 영구 자석(permanent magnet)이라고 한다.

물질이 자기를 유지하는 능력을 보자성(retentivity)이라고 한다. 연철은 낮은 보자성을 지니는 반면, 강철은 높은 보자성을 지니고 있다. 자기영향이 사라지고난 뒤 자성체에 남아 있는 자기를 잔류 자기(residual magnetism)라고 한다.

물질에 따라서는 자화 과정에서 그림 3-5(c)와 같이 자극에 가까운 쪽에 다른 극성의 자극, 먼 쪽에 같은 극성의 자극으로 강하게 자화되는 것이 있다. 이것을 강자성체라 하며, 이것과 같은 방향으로 약하게 자화되는 것을 상자성체, 그림 3-5(b)와 같이 반대 방향으로 약하게 자화되는 것을 반자성체라 한다.

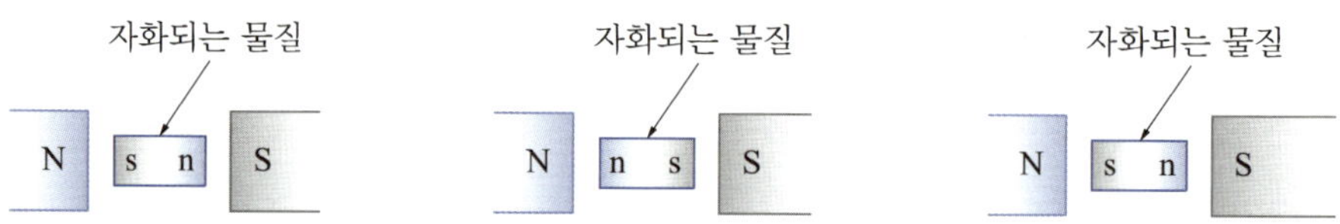

(a) 상자성체 (b) 반자성체 (c) 강자성체

그림 3-5 자성체

(1) 상자성체(paramagnetic material)

자석의 N극에 s극이, S극에 n극이 자화되는 물질, 자화정도가 약하다.

ex) 알루미늄(Al), 백금(Pt)

(2) 반자성체(diamagnetic material)

자석의 N극에 n극이, S극에 s극이 자화되는 물질

ex) 금(Au), 은(Ag), 구리(Cu), 아연(An), 탄소(C)

(3) 강자성체(ferromagnetic material)

N극에 s극이, S극에 n극이 자화되는 물질, 자화정도가 매우 강하다.

ex) 니켈(Ni), 코발트(Co), 망간(Mn), 철(Fe)

5 자기회로

전류가 흐르고 있는 코일의 내부에 철심을 넣으면 철심은 자화된다. 따라서, 철심이 자석으로 되었기 때문에 생긴 자속과 코일이 발생한 자속이 합쳐져 강력한 자석을 만든다. 이와 같은 자석을 전자석이라 한다. 이때, 철심에 생기는 자속은 코일의 횟수 N과 흐르는 전류 I와의 곱인 NI에 비례한다. NI는 자속을 만드는 능력을 나타내는 것으로서 기자력(magnetomotive force)이라고 하며, 단위는 [AT]를 사용한다.

철과 같은 강자성체에 코일을 감고 전류를 흘리면 자속이 발생한다. 이때, 발생한 자속의 대부분은 철심을 지난다. 이와 같이, 자속이 주로 통과하는 폐회로를 자기 회로 또는 자로라고 한다.

$$F = NI\,[\mathrm{AT}]$$

여기서, F : 기자력
N : 권수
I : 전류

기자력이 클수록 자속이 많이 생기는데, 이 경우 자속이 통과하는 철심의 통로를 자기회로(magnetic circuit)라고 하며 코일 내부의 자계는 다음과 같은 식으로 나타낸다.

$$H = \frac{NI}{l}\,[\mathrm{AT/m}]$$

여기서, l : 자기회로의 평균 길이
N : 권수
I : 전류

예제 3-3 감은 권수가 200회, 흐르는 전류가 3[A]인 코일에 발생하는 자력은[AT]은?

풀이 $F = NI = 200 \times 3 = 600\,[\mathrm{AT}]$

예제 3-4 철심에 감은 코일에 10[A]의 전류를 흘리면 200[AT]의 기자력이 발생했다면 코일의 권수는 몇 회인가?

풀이 $N = \frac{F}{I} = \frac{200}{10} = 20$

6 자화 곡선과 히스테리시스 곡선

니켈, 코발트, 철 등과 같은 강자성체를 자장 내에서 자화시킬 때 자계의 세기 H를 증가시키면 자속 밀도 B도 증가한다. 그러나 자계의 세기가 증가하여 어느 값에 도달하면 자장의 세기를 증가시켜도 자속 밀도는 그 이상 증가하지 않는다. 이와 같은 현상을 자기 포화(magnetic saturation)라 한다.

그림 3-6은 자화되어 있지 않은 강자성체를 자화하는 경우의 자장의 세기 H와 자성체 중에 발생하는 자속 밀도 B와의 관계를 나타낸 것이다. 이와 같은 곡선을 자화 곡선 또는 $B-H$곡선이라고 한다. 철의 재질에 따라 자화 곡선의 모양이 다르다.

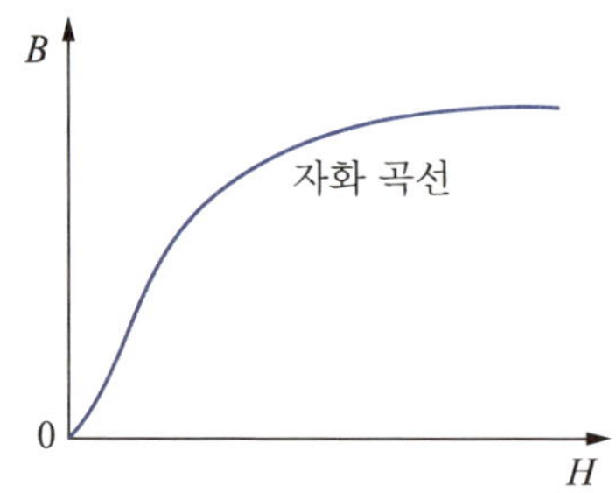

그림 3-6 자화 곡선

자화되어 있지 않은 강자성체를 자장 내에 놓고 자장의 세기를 그림 3-7의 $0 \rightarrow +H_m \rightarrow 0 \rightarrow -H_m \rightarrow 0 \rightarrow +H_m$의 순서로 변화시키면 철편 내의 자속 밀도 B는 0 → a → b → c → d → e → f → a와 같이 변화한다. 이때, 자장의 세기 H와 자속 밀도 B의 관계를 나타낸 곡선을 히스테리시스 곡선(hysteresis loop)이라고 한다.

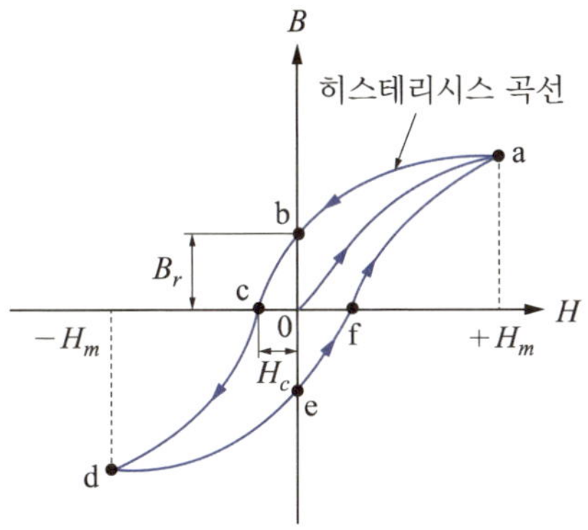

그림 3-7 히스테리시스 곡선

철편이 일단 $+H_m$까지 자화하면 다음에 자장의 세기 H를 0으로 하여도 철편에는 자기가 남는다. 이 때, 남은 자기를 잔류 자기라 하며 B_r은 그 크기를 나타낸다. 이 잔류 자기 B_r는 반대의 자화력 $-H_c$를 가할 때 0이 되고 이 자장의 세기 H_c를 보자력이라고 한다.

외부 자장이 그 속에 놓여 있는 강자성체를 자화할 때 이 외부 자장을 자화력(magnetizing force)이라고 한다.

경강은 보자력이 매우 커 아주 큰 반대 방향의 자화력을 주지 않는 한 잔류 자기는 없어지지 않는다. 따라서, 이것은 영구 자석을 만드는데 적합하다.

교류가 흐르는 코일에 의해서 자화력을 줄 때에는 히스테리시스 곡선의 1순환마다 히스테리시스 곡선 면적에 비례하는 전력량이 철에서 열로 없어진다. 이러한 전력 손실을 히스테리시스손(hysteresis loss)이라고 하며 이 값이 클수록 전력손실은 커진다.

7 전류와 자기 작용

(1) 암페어의 오른 나사의 법칙

종이 위에 쇳가루를 뿌리고 종이를 관통하는 전선에 전류를 흘리면 쇳가루는 동심원을 그리며 배열된다. 이것을 통해서 전류가 흐르는 도선 주위에는 자력선, 즉 자기장이 발생하는 것을 알 수 있으며, 이를 전류의 자기 작용이라고 한다.

전류의 방향을 반대로 하면 자침의 방향이 반대가 되는 것을 관찰할 수 있고, 전류의 방향과 자장의 방향과는 일정한 관계가 있음을 알 수 있다.

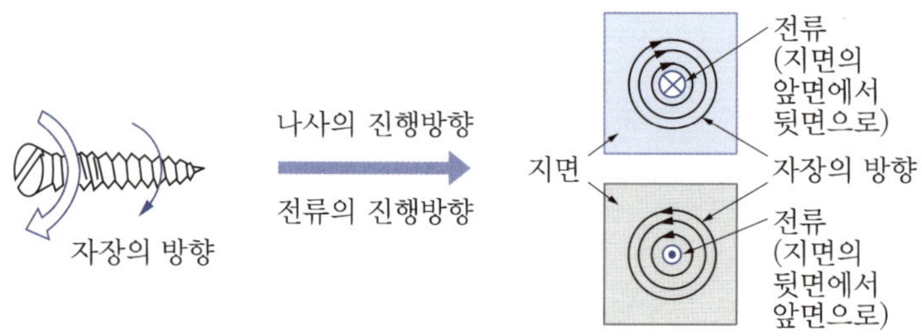

그림 3-8 암페어의 오른 나사의 법칙

자기력선의 방향은 전류가 흐르는 방향으로 오른 나사가 진행 할 때 나사의 회전 방향과 일치한다. 이것을 암페어의 오른 나사의 법칙(Ampere's right handed screw rule)이라 한다.

그림 3-8은 이 관계를 나타내 것으로서, ⊗표시는 전류가 지면의 앞면에서 뒷면으로, ⊙표시는 뒷면에서 앞면으로 흐르고 있는 것을 나타낸 것이다.

1) 전류의 방향

오른나사의 진행방향

2) 자기장의 방향

오른나사의 회전방향

(2) 플레밍의 법칙

1) 플레밍의 왼손 법칙

자기장 내에서 전류가 흐르는 도선이 받는 힘의 방향을 찾는 방법이다. 자속밀도가 1[Wb/m^2]인 평등 자기장 중에 자기장과 직각 방향으로 1[A]의 전류가 흐르는 도체에는 도체 단위 길이 1[m]당 1[N]의 전자력이 작용한다.

그림 3-9와 같이 B[Wb/m^2]인 평등 자기장 중에서 자기장과 직각 방향으로 길이 l[m]인 도체에 전류 I[A]가 흐를 때 발생되는 전자력은 다음과 같다.

$$F = BlI\,[\mathrm{N}]$$

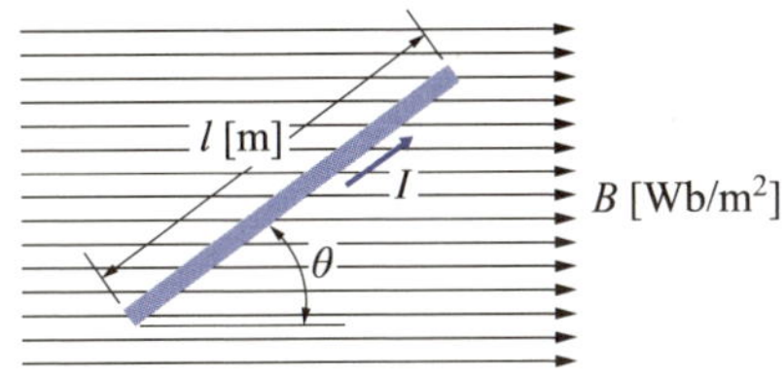

그림 3-9 전자력 크기

만약 도체와 자기장이 직각이 아닌 경우, 작용되는 전자력은 다음 식과 같다.

$$F = BlI\sin\theta\ [\mathrm{N}]$$

전기장의 방향과 전류의 방향에 의해 결정되는 전자력의 방향은 플레밍의 왼손법칙(Fleming's left-hand rule)에 따르며 전동기의 회전방향은 이 법칙에 의해서 결정된다.

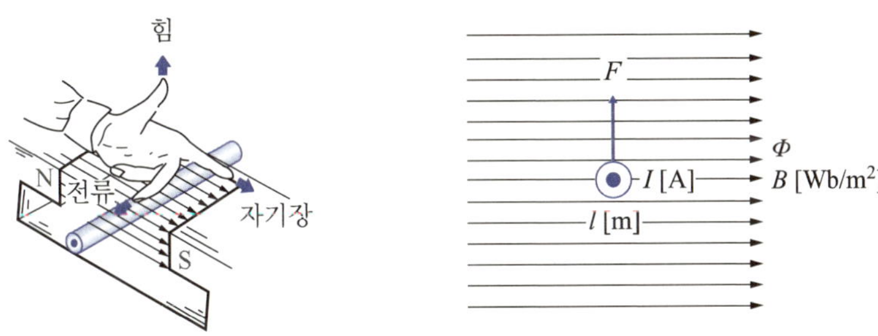

그림 3-10 플레밍 왼손법칙

이 법칙은 그림 3-10(a)와 같이 왼손의 엄지, 검지, 중지를 각각 직각으로 하여 검지 방향이 자기장의 방향과 일치하도록 하고, 전류 방향과 중지 방향을 일치시킬 때 전류가 흐르는 도체에 작용하는 힘 F는 엄지 방향과 일치하게 된다.

2) 플레밍의 오른손 법칙

자기장 내에서 움직이는 도체에 유도되는 전류의 방향을 찾는 방법이다. 오른손의 세 손가락을 서로 직각으로 펼치고, 첫째 손가락을 도체의 운동 방향, 둘째 손가락을 자기장의 방향에 일치시킨 경우, 셋째 손가락의 방향이 전류가 흐르는 방향이 되는데 이를 플레밍의 오른손 법칙(Fleming's right-hand rule)이라고 한다. 발전기의 전압발생 방향은 플레밍의 오른손 법칙에 의해서 결정된다.

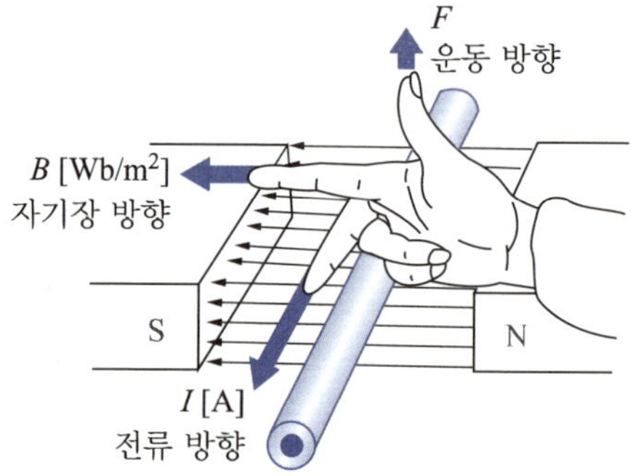

그림 3-11 플레밍의 오른손 법칙

그림 3-12와 같이 자속 밀도가 $B[\mathrm{Wb/m^2}]$인 자장 내를 길이 $l\,[\mathrm{m}]$인 도체가 자장과 θ의 방향으로 $v[\mathrm{m/sec}]$의 속도로 운동할 때 유도되는 기전력의 크기 e는 다음과 같다.

$$e = Blv\sin\theta\ [\mathrm{V}]$$

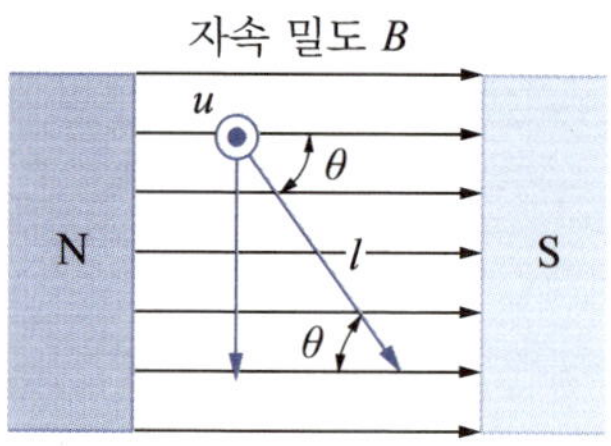

그림 3-12 유도 기전력의 크기

8 전자유도현상

코일에 검류계를 접속해 놓은 다음, 자석을 코일에 가까이 하거나 멀리할 때마다 검류계의 바늘이 움직인다. 이것으로부터 코일 내에서 자장의 변화가 발생하면 전압이 유도되어 전류가 흐른다는 사실을 알 수 있다. 이런 현상을 전자유도(electromagnetic induction)라고 한다.

이때 발생한 전압을 유도 기전력(induced electromotive force), 흐르는 전류를 유도전류(induced current)라고 한다.

(1) 패러데이의 법칙

전자유도에 의하여 발생되는 유도 기전력의 크기는 코일을 지나는 자속의 매초 변화량과 코일의 감은 수에 비례한다. 이와 같이 전자유도현상에 의해서 코일에 발생되는 유도 기전력의 크기를 결정하는 법칙을 패러데이의 법칙(Faraday's law)이라 한다. N회 감은 코일의 내부를 통하는 자속이 Δt초 동안에 $\Delta\Phi$[Wb]만큼 증감할 때 유도 기전력 크기 e는 다음과 같다.

$$e = (\text{코일의 감은 수}) \times (\text{매초 변화하는 자속})$$
$$= -N\frac{\Delta\Phi}{\Delta t}\,[\mathrm{V}]$$

여기서, (−)는 자속의 변화를 방해하는 방향으로 유도 기전력이 발생함을 나타내는 것이다.

(2) 렌츠의 법칙

그림 3-13(a)와 같이 코일을 지나는 자속이 증가될 때는 자속을 감소시키는 방향으로, 그림 3-13(b)와 같이 코일을 지나는 자속이 감소될 때는 자속을 증가시키는 방향으로 유도 기전력이 발생된다. 즉, 유도 기전력은 자속의 변화를 방해하려는 방향으로 발생된다. 이와 같이 전자유도현상에서 코일에 생기는 유도 기전력의 방향을 결정하는 법칙을 렌츠의 법칙(Lenz's law)이라 한다.

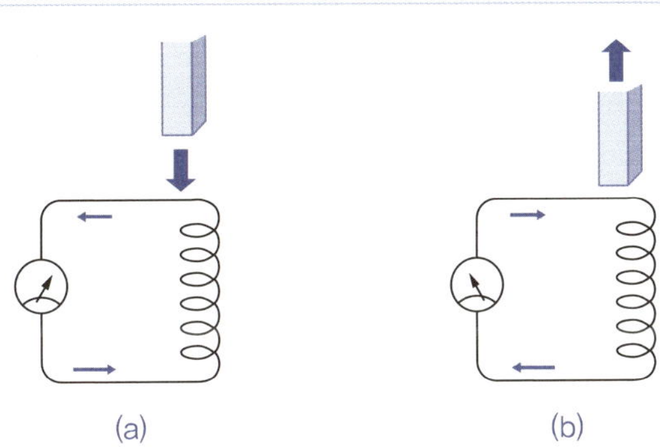

그림 3-13 전자 기전력의 방향

(3) 패러데이-렌츠의 법칙

코일과 자속이 쇄교할 때 쇄교하는 자속 Φ가 시간에 따라 변화하면 코일에는 자속 Φ가 증가 또는 감소를 방해하는 방향으로 기전력이 발생한다.

이때 발생되는 기전력의 크기는 다음과 같이 표현되며 (−)는 자속 Φ의 증감을 방해하는 방향을 나타낸다.

$$e = -N\frac{\Delta\Phi}{\Delta t}\ [\mathrm{V}]$$

9 평행 도체 사이에 작용하는 힘

일정한 간격을 유지하고 평행을 이루고 있는 2개의 도체에 전류가 흐르면, 한쪽 전류에 의한 자기장 내에 다른 전류가 흐르는 도체가 있으므로 각각의 도체에는 플레밍의 왼손 법칙에 따른 힘이 작용한다.

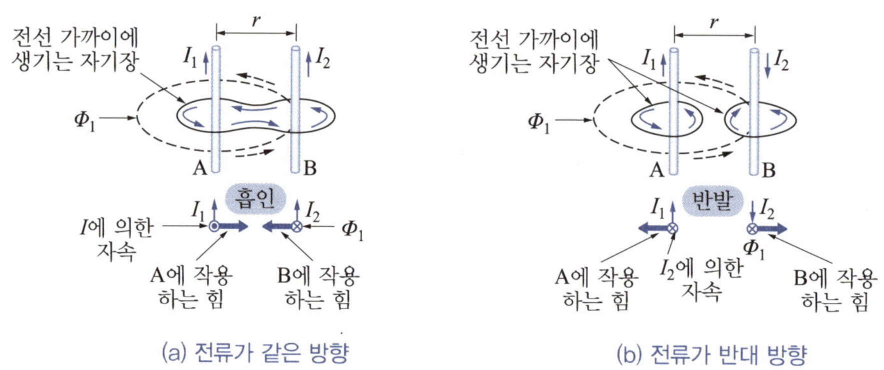

그림 3-14 평행 도체 간에 작용하는 힘

그림 3-14(a)와 같이 동일 방향의 전류가 흐를 때, 전선 B는 왼쪽으로 힘을 받고 전선 A는 오른쪽으로 힘을 받는 흡입력이 형성된다.

그림 3-14(b)와 같이 전류 방향이 서로 반대 방향으로 흐를 때, 전선 A, B간에는 반발력이 작용한다.

이와 같이, 나란한 전류 사이에 작용하는 전자력을 전기 계기나 전동기 등에 응용한다.

10 코일의 결합회로

코일은 인덕터(Inductor)라고도 하며 변압기, 전동기 발전기, 스피커 등에 사용한다.

(1) 결합회로

코일의 접속회로에 존재하는 누설자속을 제외한 한 쪽 코일의 유효자속이 다른 쪽 코일과의 쇄교 하는 비율을 결합계수라 한다.

1) 누설자속이 없는 경우

$$M = \sqrt{L_1 L_2}\ [\mathrm{H}]$$

여기서, M : 상호 인덕턴스
L_1, L_2 : 각 코일의 자체 인덕턴스

2) 누설자속이 존재하는 경우

$$M = k\sqrt{L_1 L_2}\ [\mathrm{H}], \qquad k = \frac{M}{\sqrt{L_1 L_2}}$$

여기서, k : 결합계수

완전 결합시 k는 1이다.

(2) 코일의 접속

1) 가동접속(가극성) : 자속방향이 같을 경우

두 코일에 흐르는 전류에 의하여 발생한 자속이 합해지는 방향이 되도록 접속하는 것을 가동접속이라 한다.

가동접속일 경우 합성 인덕턴스 L은 다음과 같이 나타낸다.

$$L = L_1 + L_2 + 2M\ [\mathrm{H}]$$

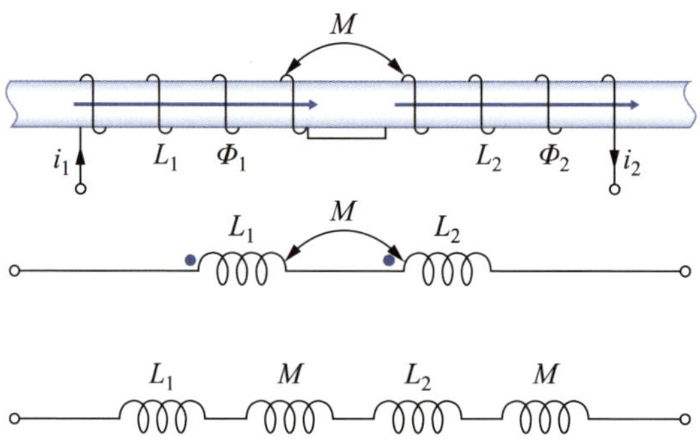

그림 3-15 가동접속

2) 차동접속(감극성) : 자속 방향이 반대일 경우

두 코일에 흐르는 전류에 의하여 발생한 자속이 상쇄되는 방향이 되도록 접속하는 것을 차동접속이라 한다.

차동접속일 경우 합성 인덕턴스 L은 다음과 같이 나타낸다.

$$L = L_1 + L_2 - 2M \text{ [H]}$$

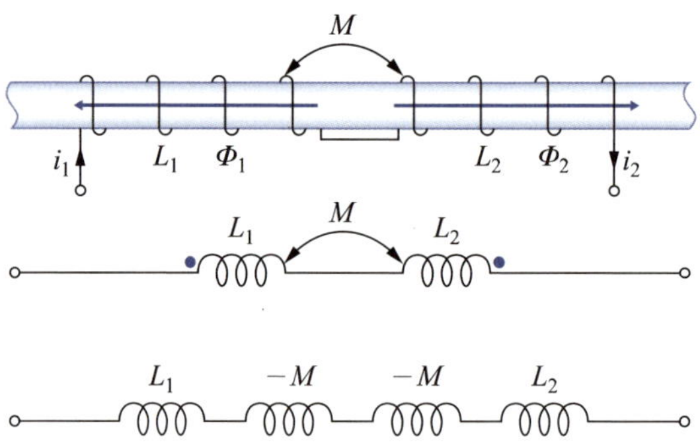

그림 3-16 차동접속

예제 3-5 인덕턴스가 각각 5[H]와 3[H]인 두 코일을 같은 방향으로 직렬로 연결하고 인덕턴스를 측정하였더니 15[H]이었다. 두 코일간의 상호 인덕턴스를 구하시오.

풀이 $L = L_1 + L_2 + 2M$[H]에서 $15 = 5 + 3 + 2M$이므로 상호 인덕턴스 $M = 3.5$ [H]이다.

11 전자에너지

L[H]의 자기 인덕턴스에 i[A]의 전류를 흘리면, 에너지 손실은 없고, 에너지를 자계의 형태로 축적할 수 있는데, 이것을 전자에너지(electromagnetic energy)라 하며, 그 크기 W는 다음과 같다.

$$W = \int_0^T vi\,dt = \int_0^T L\frac{di}{dt}i\,dt = \frac{1}{2}LI^2 = \frac{1}{2}IN\Phi \text{ [J]}$$

여기서, W : 코일의 축적에너지[J]
L : 자기 인덕턴스[H]
N : 코일권수
Φ : 자속[Wb]

예제 3-6 자기 인덕턴스 10[mH]의 코일에 10[A]의 전류를 흘릴 때 축적되는 에너지[J]를 구하시오.

풀이 $W = \frac{1}{2}LI^2 = \frac{1}{2}0.01 \times 10^2 = 0.5$ [J]

연습문제

01 5×10^{-2}[Wb], 5×10^{-2}[Wb]인 두 자극이 90[cm]의 거리에 있을 때 두 자극 사이에 작용하는 자력의 크기는 몇 [N]인가?

02 공기 중에서 자극 1.6×10^{-4}[Wb]와 2×10^{-3}[Wb]의 사이에 작용하는 힘이 12.66[N]이었다면 두 자극 사이의 거리[cm]는?

03 감은 권수가 200회, 흐르는 전류가 5[A]인 코일에 발생하는 기자력[AT]은?

04 철심에 감은 코일에 20[A]의 전류를 흘리면 200[AT]의 기자력이 발생했다면 코일의 권수는 몇 회인가?

05 자극 4[Wb]의 점자극으로부터 4[m] 떨어진 점의 자계의 세기[A/m]는?

06 자속 밀도 1[Wb/m^2]인 평등 자계 중에서 길이 50[cm]의 직선 도체가 자계에 수직 방향으로 속도 1[m/s]로 운동할 때의 최대 유기 기전력[V]은?

07 자계 내에서 도선에 전류를 흘려보낼 때 도선을 자계에 대해 60° 의 각으로 놓을 때 작용하는 힘은 30° 각으로 놓았을 때의 몇 배의 힘이 작용하는가?

08 전류에 의한 자계의 방향을 결정하는 법칙은 암페어의 왼손나사 법칙이다. (참/거짓)

09 플레밍의 오른손 법칙에서 중지 손가락의 방향은 유기 기전력의 방향이다. (참/거짓)

10 1[Wb/m^2]의 자속 밀도에 수직으로 놓인 0.1[m]이 도선에 10[A]의 전류가 흐를 때 도선이 받는 힘은?

11 반지름이 40[cm]인 원형 코일에 전류 100[A]가 흐르고 있다. 이때 중심점에서의 자계의 세기는 얼마인가?

12 자기 인덕턴스 10[mH]의 코일에 10[A]의 전류를 흘릴 때 축적되는 에너지[J]를 구하시오.

13 자기 인덕턴스 2[H]의 코일에 축적된 에너지가 25[J]이라면 코일에 흐르는 전류는 몇 [A]인가?

14 자기 인덕턴스가 10[mH]의 코일에 10[A]의 전류를 흐를 때 축적되는 에너지[J]는 얼마인가?

CHAPTER 04

교류회로

1. 정현파 교류
2. 기본소자(R, L, C)의 특성
3. RLC 직렬 회로
4. RLC 병렬 회로
5. 교류 전력
6. 3상 교류 회로

1 정현파 교류

시간의 변화와 관계없이 그 크기와 방향이 일정한 전압이나 전류를 직류(DC : Direct Current)라고 하며 그 크기와 방향이 주기적으로 변화하는 전류를 교류(AC : Alternating Current)라고 한다.

교류 중에서도 그림 4-1(b)와 같이 그 파형이 사인 곡선을 그리는 전류를 정현파 교류라 하며 그림 4-1(c)와 같이 정현파가 일그러진 파형을 왜형파 또는 비정현파 교류라 한다.

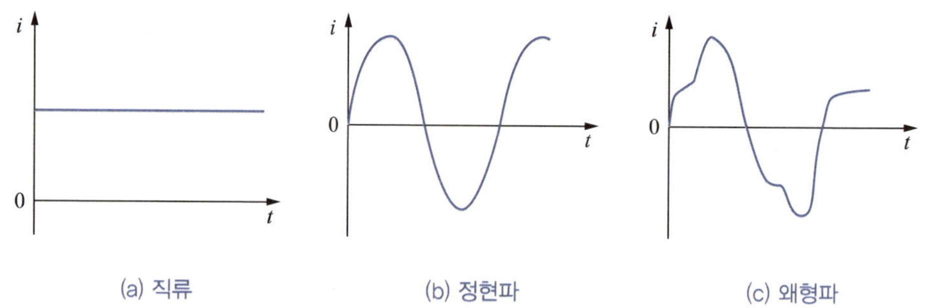

그림 4-1 파형의 종류

각 국가별 전압과 주파수는 표 4-1과 같이 사용하고 있다.

표 4-1 국가별 전압과 주파수

국 가	전 압	주파수
한 국	220[V]	60[Hz]
일 본	100[V]	50, 60[Hz]
중 국	220[V]	50[Hz]
미 국	120[V]	60[Hz]
프랑스	230[V]	50[Hz]

(1) 사인파 교류의 발생

발전기로 만드는 교류 전기는 사인파(sine wave) 형태를 가지므로 사인파 교류라 한다.

교류 전압은 단상 교류(single-phase AC)와 3상 교류(three-phase AC)가 있다.

전원과 부하가 2줄의 전선으로 접속되어 전기를 공급하는 것을 단상교류라 한다. 그러나 발전소에서 생산되는 전압이나, 공장 등에서 동력으로 사용되는 전압은 3상 교류이다. 3상에 대한 보다 자세한 내용은 3상 교류편에 자세하게 설명되어 있다.

그림 4-2는 사인파 교류의 발생 원리이다. N극과 S극 사이에서 도체가 회전을 하게 되면 도체에 전압이 발생된다.

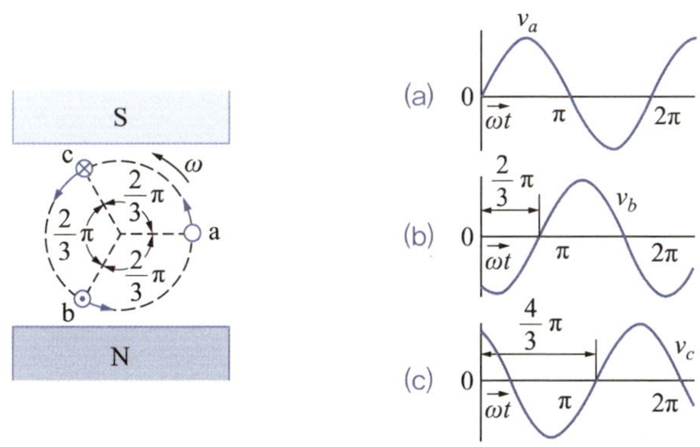

그림 4-2 3상 교류의 발생

(2) 주파수와 주기

그림 4-3과 같이 사인파 교류의 1회의 변화를 1사이클(cycle)이라 하며, 1사이클이 진행되는 시간을 주기(period)라고 하고, 기호는 T, 단위로는 초(second)로 [s]를 사용한다.

또한, 주파수(frequency)는 1초 동안에 반복되는 파형의 사이클 수를 말하며, 기호는 f, 단위는 [Hz]를 사용한다.

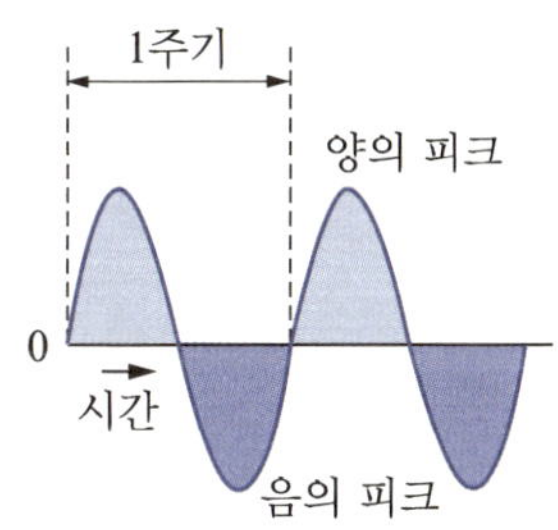

그림 4-3 주기

주파수 f와 주기 T 사이에는 다음의 관계가 성립된다.

$$T = \frac{1}{f}[\mathrm{s}], \quad f = \frac{1}{T}[\mathrm{Hz}]$$

여기서, T : 주기
f : 주파수

우리 생활 주변에서 널리 사용되는 주파수의 크기와 용도를 표 4-2에 나타내었다.

표 4-2 주파수의 크기별 용도

주파수의 크기	용 도
60[Hz]	가정용 교류 전원
50～15000[Hz]	오디오 기기
535～1605[kHz]	AM 라디오
54～60[MHz]	TV 채널
88～108[MHz]	FM 라디오
1～10[GHz]	휴대폰

(3) 각속도

원의 각도는 도[°] 이외에 라디안[rad]을 사용하며, 교류에서는 라디안을 많이 사용하고 있다. 물리에서 속도(velocity)란 단위 시간에 직선상의 두 점 사이를 이동한 거리를 말하며 단위는 [m/s]를 사용한다.

이에 비해 전기에서는 각속도라는 용어를 사용한다. 각속도(angular velocity)란 1초 동안의 회전각도를 의미하며, 기호는 ω(omega), 단위는 [rad/s]를 사용한다.

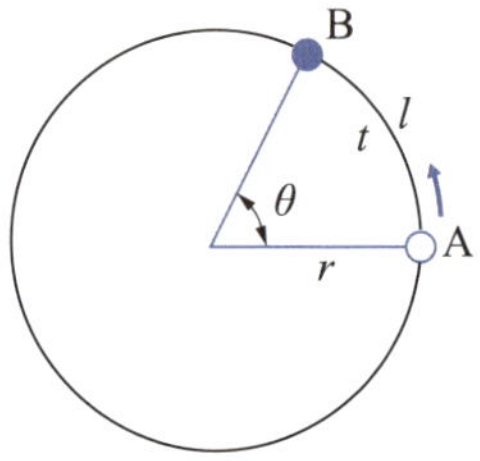

그림 4-4 각속도

t초 동안에 θ[rad]만큼 회전한 경우 각속도 ω는 θ/t[rad/s]가 되며, 회전각 θ는 ωt[rad]가 된다.

$$\omega = 2\pi f\,[\mathrm{rad/s}]$$

여기서, ω : 각속도
f : 주파수

각도를 표시하는 도수법과 호도법을 비교하면 표 4-3과 같다.

표 4-3 도수법과 호도법

도수법	0°	30°	45°	60°	90°	120°	180°	270°	360°
호도법	0	$\frac{\pi}{6}$	$\frac{\pi}{4}$	$\frac{\pi}{3}$	$\frac{\pi}{2}$	$\frac{2}{3}\pi$	π	$\frac{3}{2}\pi$	2π

※ 도수법은 원둘레를 360°로 나타낸 것.
호도법은 원둘레를 2π(rad)로 나타낸 것.

사인파 교류의 변화의 빠르기는 주기, 주파수, 각주파수 등으로 나타낼 수 있으므로 사인파 전압을 다음과 같이 나타낼 수 있다.

$$v = V_m \sin\theta = V_m \sin\omega t = V_m \sin 2\pi f t\,[\mathrm{V}]$$

(4) 위상과 위상차

그림 4-5(a)에서 사인파 교류 v_1과 v_2 사이에는 주파수는 같지만 시간적인 차이를 가지고 있다.

이와 같이 주파수가 동일한 2개 이상의 교류가 존재할 때, 상호간의 시간적인 차이를 위상(位相, phase)이라 한다. 2개의 교류전압 v_1과 v_2 간에서 v_1이 v_2 보다 위상이 앞선다(lead)라고 하거나, 반대로 v_2가 v_1 보다 위상이 뒤진다(lag)라고 말한다.

이처럼 2개 이상의 교류 사이에서 발생하는 위상의 차를 위상차(phase difference)라 하며 θ로 표시한다. 그리고 그림 4-5(b)와 같이 교류 사이에 시간적인 차이가 없는 경우, 동상(同相, in-phase)이라고 한다.

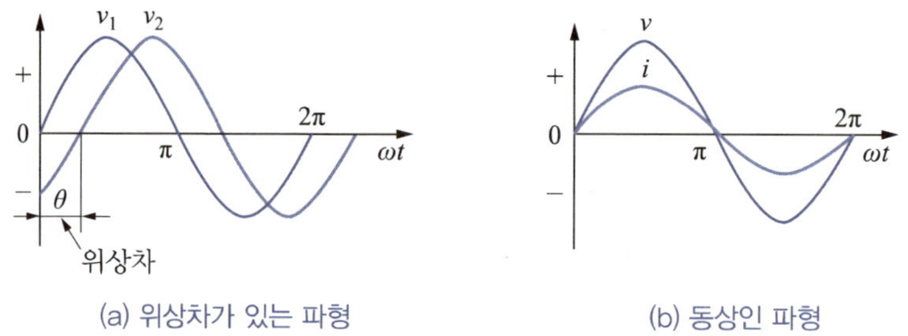

그림 4-5 교류의 위상차

그림 4-6은 3상 회로에서의 위상차를 보이고 있다.

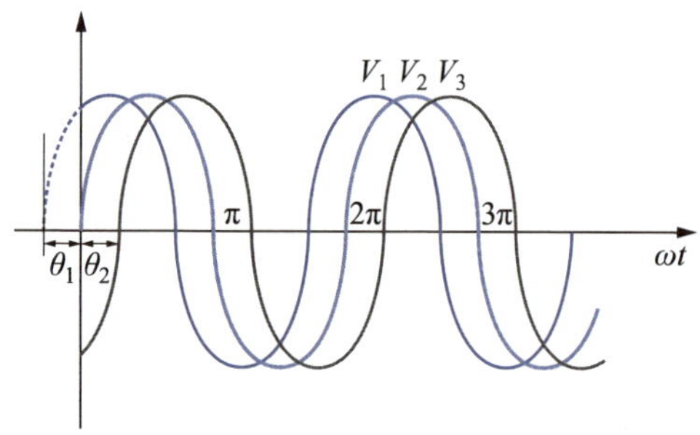

그림 4-6 위상차와 교류 표시

1) 진상인 경우 : θ_1 빠름

$$v_1 = V_{m1} \sin(\omega t + \theta_1) \, [\mathrm{V}]$$

여기서, V_{m1} : v_1의 최대값

ω : 각속도

t : 주기

θ_1 : 위상차

2) 위상차가 없는 동상인 경우 : 기준

$$v_2 = V_{m2} \sin \omega t \,[\mathrm{V}]$$

여기서, V_{m2} : v_2의 최대값
ω : 각속도
t : 주기

3) 지상인 경우 : θ_2 뒤짐

$$v_3 = V_{m3} \sin(\omega t - \theta_2) \,[\mathrm{V}]$$

여기서, V_{m3} : v_3의 최대값
ω : 각속도
t : 주기
θ_2 : 위상차

(5) 교류의 표시

사인파 교류의 크기를 표시하는 방법에는 순시값, 최대값, 실효값, 평균값 등이 있다.

1) 순시값

그림 4-7과 같이 시간의 변화에 따라 시시각각 다르게 나타나는 정현파의 값을 순시값 (instantaneous value)이라고 한다.

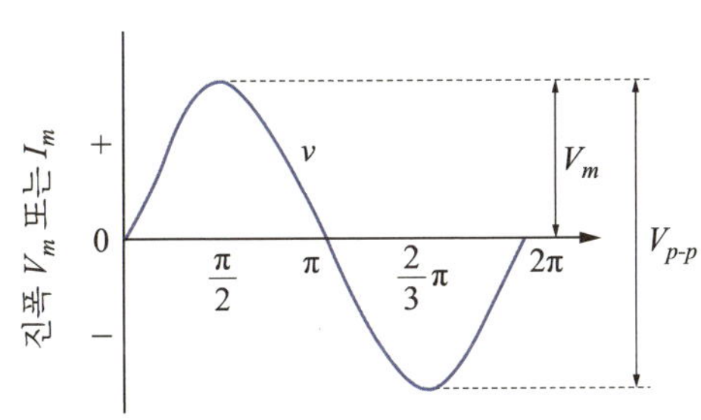

그림 4-7 순시값과 최대값

순시값은 일반적으로 e, v, i 등의 소문자로 표시한다.

$$v = V_m \sin\omega t \,[\mathrm{V}]$$

여기서, v : 전압의 순시값
V_m : 전압의 최대값
ω : 각속도
t : 시간

2) 최대값

사인파 교류 파형의 순시값 중에서 진폭이 가장 큰 값을 최대값(maximum value)이라 하며, 기호는 V_m, I_m으로 나타낸다. 사인파 교류에서는 양의 최대값 크기와 음의 최대값 크기는 같고 부호만 다르다.

3) 실효값

실효값(effective value)은 동일한 저항에 직류와 교류를 각각 흘렸을 때 직류 전류와 같은 열을 발생하는 교류값으로 나타낸다.

실효값을 root mean square value 또는 r.m.s 값이라고도 한다.

$$I = \sqrt{i^2\text{의 1주기간의 평균값}}$$

여기서, I : 전류의 실효값
i : 전류의 순시값

정현파 교류전압의 순시값 i의 실효값을 I라고 하면

$$\int_o^T I^2 R dt = \int_o^T i^2 R dt$$

가 되어, 전류 I는

$$I = \sqrt{\frac{1}{T}\int_o^T i^2 dt} \,[\mathrm{A}]$$

가 된다.

위 식에서 i 대신에 $i = I_m \sin\omega t$을 대입하면

$$I = \sqrt{\frac{1}{T}\int_o^T (I_m \sin^2 \omega t)\, dt}\ [\mathrm{A}]$$
$$= \frac{I_m}{\sqrt{2}} \fallingdotseq 0.707 I_m$$

로 되어 정현파 교류의 실효값은 최대값 I_m의 $1/\sqrt{2}$배 또는 0.707배가 됨을 알 수 있다.

이러한 관계는 사인파의 전압에 대해서도 같으며, 사인파 교류의 최대값과 실효값 사이에는 다음과 같은 관계가 있다.

$$\text{실효값} = \frac{\text{최대값}}{\sqrt{2}}, \quad \text{최대값} = \sqrt{2} \times \text{실효값}$$

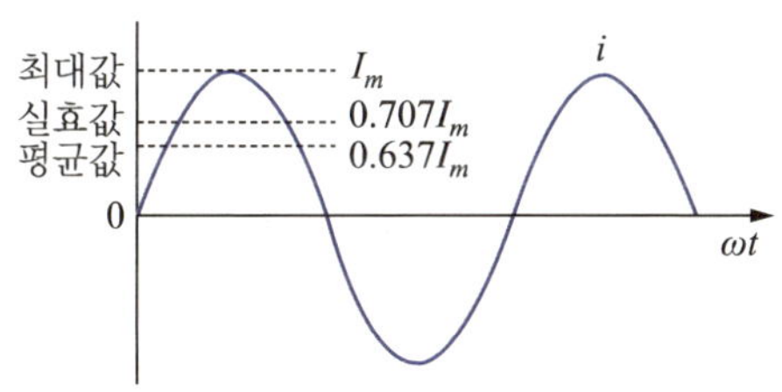

그림 4-8 교류값의 표시

우리나라에서 사용하고 있는 220[V], 22.9[kV], 154[kV], 345[kV]와 같은 전압은 실효값을 의미하며, 모든 나라에서 부르는 교류 전압은 실효값을 의미한다.

4) 평균값

사인파 교류의 1주기를 평균하면 0이 되므로 교류 전압의 평균값은 반주기 평균값(half-period average value)을 사용한다.

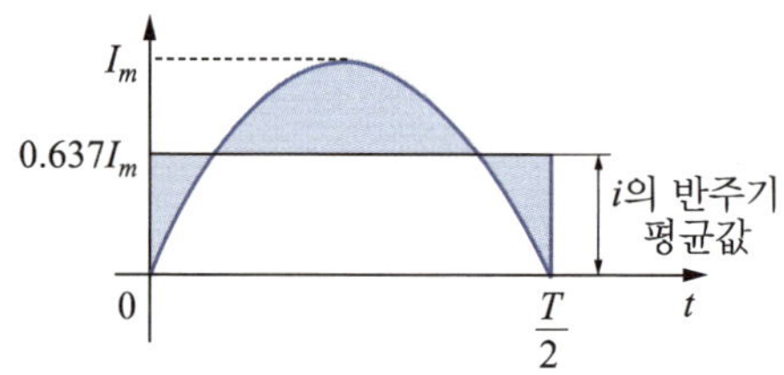

그림 4-9 평균값

$$I_{av} = \frac{1}{\frac{T}{2}}\int_o^{\frac{T}{2}} i\,dt = \frac{2}{T}\int_o^{\frac{T}{2}} I_m \sin\omega t\,dt$$

$$= \frac{2}{\pi}I_m = 0.637\,I_m\,[\mathrm{A}]$$

사인파 교류의 전압의 4가지 표시 방법을 요약하면 표 4-4와 같다.

표 4-4 사인파 교류를 표시하는 4가지 방법

전 압	기 호	크 기
순시값	v	$v = V_m \sin\omega t\,[\mathrm{V}]$
최대값	V_m	$V_m = \sqrt{2}\,V$
실효값	V	$V = \frac{V_m}{\sqrt{2}} \fallingdotseq 0.707\,V_m$
평균값	V_a	$V_a = \frac{2}{\pi}V_m \fallingdotseq 0.637\,V_m$

5) 파고율과 파형률

일반적으로 교류의 크기는 보통 실효값으로 나타내는데, 실효값만으로는 파형의 형태를 알 수 없으므로 대략적인 파형을 알기 위한 방법으로 파고율(crest)과 파형률(form factor)의 계수를 사용한다.

$$\text{파고율} = \frac{\text{최대치}}{\text{실효치}}, \quad \text{파형률} = \frac{\text{실효치}}{\text{평균치}}$$

정현파 교류 전압인 경우 파고율과 파형률은 다음과 같다.

$$\text{파고율} = \frac{\text{최대치}}{\text{실효치}} = \frac{E_m}{E} = \sqrt{2} = 1.414$$

$$\text{파형률} = \frac{\text{실효치}}{\text{평균치}} = \frac{E}{E_{av}} = \frac{\pi}{2\sqrt{2}} = 1.11$$

각종 파형의 파고율과 파형율의 관계는 표 4-5와 같다.

표 4-5 각 파형의 실효값, 파고율, 파형률

명 칭	파 형	실효값	파고율	파형률
4각 파형 (구형파)	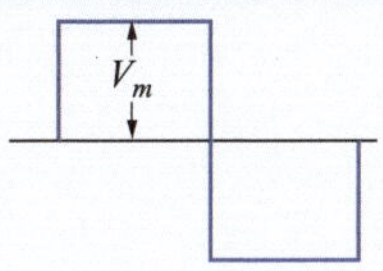	V_m	1	1
정현파	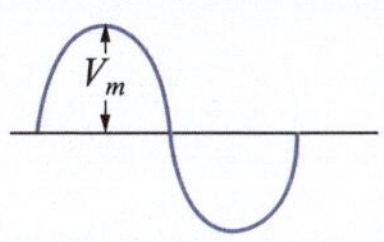	$\frac{V_m}{\sqrt{2}}$	$\sqrt{2}=1.414$	$\frac{\pi}{2\sqrt{2}}=1.11$
3각파	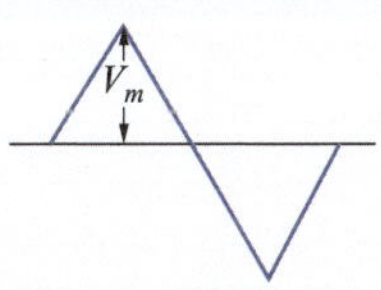	$\frac{V_m}{\sqrt{3}}$	$\sqrt{3}=1.73$	$\frac{2}{\sqrt{3}}=1.155$

정현파에 비해 비정현파의 일그러짐 정도를 나타내기 위해 왜형률(distortion factor)을 사용하며 다음 식으로 표현된다.

$$\text{왜형률} = \frac{\text{전고조파의 실효값}}{\text{기본파의 실효값}} = \frac{\sqrt{V_2^2 + V_3^2 + \cdots + V_n^2}}{V_1}$$

(6) 정현파 교류의 벡터 표시

1) 스칼라와 벡터

길이나 온도 등과 같이 크기라는 하나의 요소만으로 나타내는 물리량을 스칼라(scalar)라고 하며, 힘과 속도와 같이 크기와 방향 등 2개의 요소로 표시되는 물리량을 벡터(vector)라고 한다.

2) 복소수의 벡터 표시

그림 4-10과 같이 직선 좌표축의 원점 0을 기준으로 하는 벡터 $\overline{A}$는 실축 X의 성분 a를 실수부(real part), 허수축 Y의 성분 b를 허수부(imaginary part)라 하며 다음과 같이 복소수로 나타낼 수 있다.

$$\overline{A} = a + jb$$

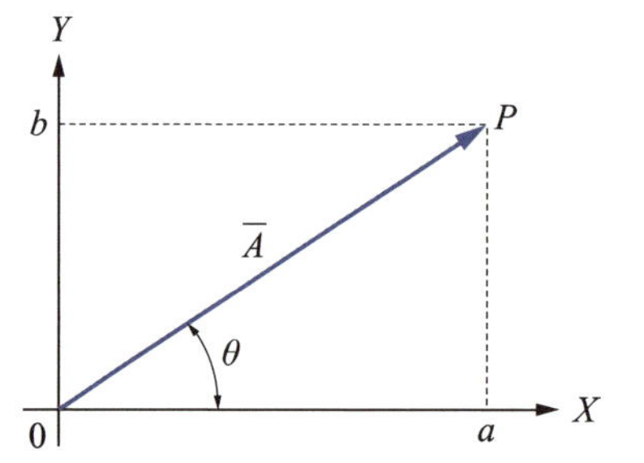

그림 4-10 벡터의 표시

이와 같이 직각좌표축 상의 성분으로 벡터를 표시하는 것을 직각좌표형식이라 하며 $\overline{A}$의 절대값 $|A|$ 및 편각 θ는 다음과 같다.

$$|\overline{A}| = \sqrt{a^2 + b^2}$$

$$\theta = \tan^{-1}\frac{b}{a}$$

절대값 $|A|$는 벡터 $\overline{A}$의 크기에 해당되기 때문에 일반적으로는 절대값 대신 크기로 칭하며 A로 나타내고 있다.

벡터의 크기 A 및 편각 θ을 사용하여 벡터를 나타내는 것을 극좌표형식(polar form)이라 하며 다음과 같이 나타낸다.

$$\overline{A} = A\angle\theta$$

$a = A\cos\theta$, $b = A\sin\theta$이므로

$$\overline{A} = A\cos\theta + jA\sin\theta = A(\cos\theta + j\sin\theta)$$

위 식에 오일러 공식 $e^{j\theta} = \cos\theta + j\sin\theta$을 적용하면 다음과 같이 나타낼 수 있다.

$$\overline{A} = Ae^{j\theta}$$

이와 같이 지수함수로 벡터를 표시하는 방식을 지수함수형식이라 한다.

이상과 같은 직각좌표형식, 극좌표형식 및 지수함수형식의 3가지 벡터표시기법 중 직각좌표형식은 복소수의 더하기 및 빼기에 편리하고 극좌표 및 지수함수형식은 벡터의 곱하기 및 나누기에 편리하다.

예제 4-1 다음을 극좌표 형식으로 나타내시오.

$$A_1 = 3 - j4, \quad \overline{A}_2 = 2 - j7$$

풀이 $\overline{A}_1 = 3 - j4 = \sqrt{3^2 + (-4)^2}\angle\tan^{-1} - \dfrac{4}{3} = 5\angle -53.11°$

$\overline{A}_2 = 2 - j7 = \sqrt{2^2 + (-7)^2}\angle\tan^{-1} - \dfrac{7}{2} = 7.28\angle -74.05°$

예제 4-2 다음을 직각좌표 형식으로 나타내시오.

$$4\angle 30°, \quad 2\angle -60°$$

풀이 $4\angle 30° = 4(\cos 30° + j\sin 30°) = 4\left(\dfrac{\sqrt{3}}{2} + j\dfrac{1}{2}\right) = 2\sqrt{3} + j2$

$2\angle -60° = 2[\cos(-60)° + j\sin(-60)°] = 2\left(\dfrac{1}{2} - j\dfrac{\sqrt{3}}{2}\right) = 1 - j\sqrt{3}$

---

3) 정현파의 벡터 표시

주파수가 같은 정현파 교류의 회전벡터를 시간 $t=0$에서 정지시킴과 동시에 벡터의 크기를 실효값으로 나타내는 것을 정현파의 벡터 표시라 한다.

대부분의 교류회로의 분석에 있어서는 최대값보다는 실효값이 사용되기 때문에 정현파의 벡터 표시는 정현파의 실효값과 같은 크기를 가진 것으로 하여 실용적으로 유용하게 사용할 수 있다.

$$v = V_m \sin(\omega t + \theta_1), \quad i = I_m \sin(\omega t + \theta_2)$$

위 식에서 두 전압 및 전류의 순시값에 대한 벡터 표시는 $t=0$이므로 θ_1, θ_2만 존재하여

$$\overline{V} = \frac{V_m}{\sqrt{2}} \angle \theta_1 = V \angle \theta_1 \,[\mathrm{V}]$$

$$\overline{I} = \frac{I_m}{\sqrt{2}} \angle \theta_1 = I \angle \theta_1 \,[\mathrm{A}]$$

여기서, V : 전압의 실효값
I : 전류의 실효값
θ_1, θ_2 : 위상각

으로 된다. 즉, 벡터 표시법에 있어서 정현파는 항상 기본이며, 주파수는 존재하지 않는다는 것을 나타낸다.

예제 4-3 $v=100\sqrt{2}\sin(377t+60°)$, $i=20\sqrt{2}\sin 377t$인 전압 및 전류를 벡터기호법으로 나타내고 이들의 위상차를 구하여라.

풀이 $V_m=100\sqrt{2}$, $I_m=20\sqrt{2}$ 이므로 실효값 V, I는
$V=100[\mathrm{V}]$, $I=20[\mathrm{A}]$, 또 $t=0$에서의 전압 및 전류의 위상 θ_1, θ_2는
$\theta_1=60$, $\theta_2=0$이므로 전압과 전류의 위상차
$\theta=\theta_1-\theta_2=60°-0°=60°$

2 기본소자(R, L, C)의 특성

(1) 저항 *R*의 회로

그림 4-11과 같이 저항 R만의 회로에 교류전압 $v = V_m \sin\omega t$ [V]를 인가했을 때 회로에 흐르는 전압의 순시값 i는 옴의 법칙에 의해 다음과 같이 된다.

$$i = \frac{v}{R} = \frac{V_m}{R}\sin\omega t = I_m \sin\omega t = \sqrt{2}\,I\sin\omega t\ [\mathrm{A}]$$

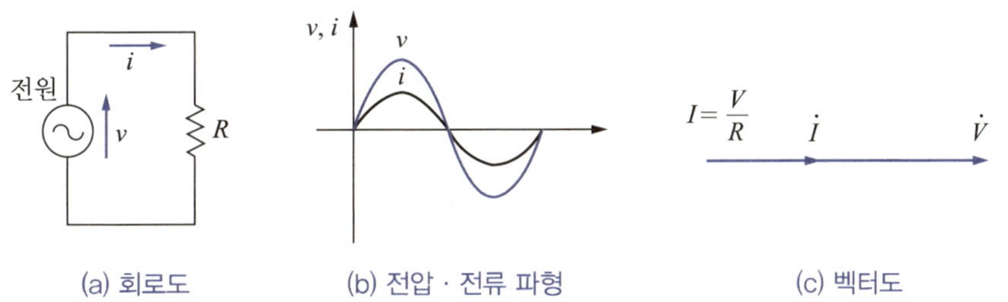

그림 4-11 저항 회로

전압과 전류의 실효값은 V, I는 $V_m = \sqrt{2}\,V$, $I_m = \sqrt{2}\,I$의 관계가 있으므로

$$\sqrt{2}\,I = \frac{\sqrt{2}\,V}{R}$$

위 식에서

$$I = \frac{V}{R}\ [\mathrm{A}]$$

이 된다.

그림 4-11(b)의 파형으로부터 전압파형과 전류파형 둘 다 정현파이며 동일한 주파수를 갖는 것을 볼 수 있다. 90°점에서 $\sin\omega t = 1$이며 전압과 전류가 동시에 최대값을 갖는다.

그림 4-11(c)의 벡터도에서 알 수 있듯이 저항 R만의 회로에서는 전압 v와 전류 i는 위상이 같다.

R에서는 전력의 경우 에너지를 열로 소비하므로 유효전력이라고 한다.

예제 4-4 저항 R의 교류 회로에서 전구의 저항이 20일 때, 교류 전압 $v = 100\sqrt{2}\sin\omega t$를 가하였다면, 이 전구에 흐르는 전류의 실효값은 몇 [A]인가?

풀이 $R = 20$, 전압의 실효값 v는 100[V]이므로, $I = \frac{V}{R} = \frac{100}{20} = 5[\text{A}]$

(2) 인덕턴스 L의 회로 (유도회로)

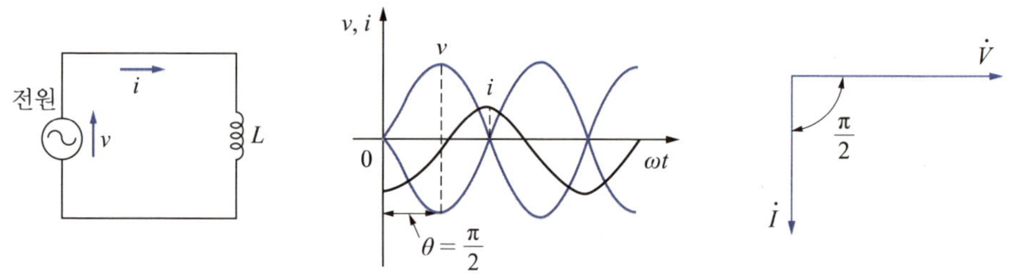

(a) 회로도 (b) 전압 · 전류 파형 (c) 벡터도

그림 4-12 인덕턴스 회로

그림 4-12(a)와 같이, 인덕턴스 L만으로 된 회로에 정현파 전류 $i = I_m \sin\omega t$ [A]가 흐르면 i에 비례하는 자속을 발생하게 되고, 이로 인해 i보다 $\pi/2$ [rad]만큼 위상이 뒤지는 유도 기전력 v_L이 생기며, v_L은 다음과 같은 식으로 나타낸다.

$$v_L = -L\frac{di}{dt} = -\omega L I_m \cos\omega t = -\sqrt{2}\,\omega L I \cos\omega t$$
$$= \sqrt{2}\,\omega L I \sin\left(\omega t - \frac{\pi}{2}\right) = \sqrt{2}\,V \sin\left(\omega t - \frac{\pi}{2}\right)\,[\text{V}]$$

이러한 유도 기전력 v_L에 대항하여 계속 전류 i를 흐르게 하려면 이것과 크기가 같고 방향이 반대인 교류 전압 v를 가해 줄 필요가 있다.

따라서, 교류 전압 v는 다음과 같은 식으로 표시된다.

$$v = -v_L = \sqrt{2}\,\omega L I \cos\omega t = \sqrt{2}\,\omega L I \sin\left(\omega t + \frac{\pi}{2}\right)$$
$$= \sqrt{2}\, V \sin\left(\omega t + \frac{\pi}{2}\right) [\mathrm{V}]$$

즉, 전압은 전류보다 $\pi/2$ [rad]만큼 위상이 앞서 있다. 반대로, 전압을 기준으로 잡으면 전류는 전압보다 $\pi/2$ [rad]만큼 위상이 뒤진다. 그림 4-12(b)는 이러한 관계를 파형으로 나타낸 것이고, 그림 4-12(c)는 벡터도를 나타낸 것이다.

주파수를 f라 하면 실효값 I와 V 사이에는 다음과 같은 관계가 있다.

$$V = 2\pi f L I = \omega L I\,[\mathrm{V}]$$
$$I = \frac{V}{2\pi f L} = \frac{V}{\omega L} = \frac{V}{X_L}\,[\mathrm{A}]$$
$$X_L = \omega L = 2\pi f L\,[\Omega]$$

여기서, X_L은 교류 전류가 흐르는 것을 방해하는 작용을 나타내는 값으로 유도 리액턴스(inductive reactance)라고 하고, 단위로는 옴[Ω]을 사용한다.

예제 4-5 $L = 40$[mH]의 코일에 $v = \sqrt{2}\,220\sin 377t$의 전압이 인가될 때 이 코일의 리액턴스, 전류의 실효값을 구하시오.

풀이 $X_L = \omega L = 2\pi f L = 2\pi \times 60 \times 40 \times 10^{-3} \fallingdotseq 15[\Omega]$

$I = \dfrac{V}{X_L} = \dfrac{220}{15} = 14.7[\mathrm{A}]$

예제 4-6 인덕턴스가 0.5[H]인 코일 양단에 주파수 60[Hz], 전압 220[V]를 인가할 때 흐르는 전류는 몇 [A]인가?

풀이 $X_L = \omega L = 2\pi f L = 2\pi \times 60 \times 0.5 \fallingdotseq 188.5[\Omega]$

$I = \dfrac{V}{X_L} = \dfrac{220}{188.5} = 1.167[\mathrm{A}]$

(3) 커패시턴스 C의 회로(용량회로)

그림 4-13(a)와 같이 C만의 회로에 정현파 교류 전압 $v = \sqrt{2}\,V\sin\omega t$ [V]를 인가하면 전하 q[C]이 축적되었다가 다시 방출됨에 따라 전하가 시간적인 변화를 하여 전류 i가 흐른다.

이 때 커패시터에 축적되는 전하 q는

$$q = Cv = CV_m \sin\omega t\ [\mathrm{C}]$$

으로 되어 커패시턴스 C에 흐르는 전류 I는

$$\begin{aligned} i &= \frac{dq}{dt} = \frac{d}{dt}(CV_m \sin\omega t) = \omega CV_m \cos\omega t \\ &= \omega CV_m \sin\left(\omega t + \frac{\pi}{2}\right) = I_m \sin\left(\omega t + \frac{\pi}{2}\right)\ [\mathrm{A}] \end{aligned}$$

으로 되며 위 식에서 I_m은

$$I_m = \omega CV_m\ [\mathrm{A}]$$

이 되고 $V_m = \sqrt{2}\,V$, $I_m = \sqrt{2}\,I$의 관계를 가지므로

$$V = I \times \frac{1}{\omega C}\ [\mathrm{V}]$$

이 된다.

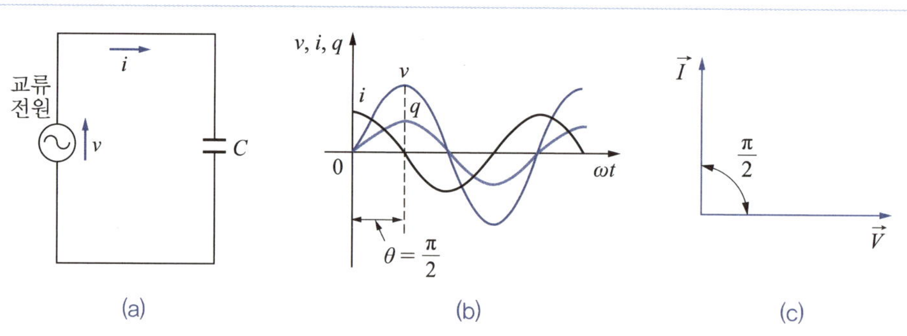

그림 4-13 커패시터 회로의 전압 전류와의 관계

교류 전류 i는 교류 전압 v보다 위상이 $\pi/2$ [rad]만큼 앞선다. 그림 4-13(b)는 이러한 관계를 파형으로 나타낸 것이고 그림 4-13(c)는 벡터로 나타낸 것이다.

주파수를 f라 하면 실효값 i와 v와의 사이에는 다음과 같은 관계가 있다.

$$I = 2\pi f C V = \frac{V}{\dfrac{1}{2\pi f C}} = \frac{V}{X_C} \text{ [A]}$$

$$X_C = \frac{1}{2\pi f C} = \frac{1}{\omega C} \text{ [}\Omega\text{]}$$

여기서, X_C는 전류를 제한하는 작용이 있는데, 이를 용량 리액턴스(capacitance reactance)라고 부르며 단위는 옴[Ω]을 사용한다. 용량 리액턴스는 정전 용량 및 주파수에 반비례한다.

이상에서 설명한 교류 전압에 대한 R, L, C 수동 소자의 각각의 특성을 표 4-6에 나타낸다.

표 4-6 R, L, C 기본 회로의 특징

기호	저항 또는 리액턴스	전류 I[A]	전압과 전류의 위상 관계	벡터도
$R[\Omega]$ 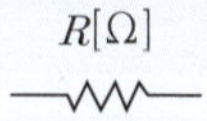	$R[\Omega]$	$\frac{V}{R}$	같은 위상	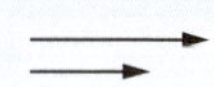
$L[\text{H}]$ 	$X_L = 2\pi f L[\Omega]$	$\frac{V}{X_L}$	전류는 전압보다 $\frac{\pi}{2}$ 뒤진다.	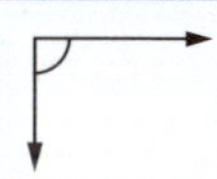
$C[\text{F}]$ 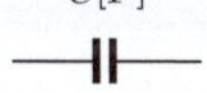	$X_C = \frac{1}{2\pi f C}[\Omega]$	$\frac{V}{X_C}$	전류는 전압보다 $\frac{\pi}{2}$ 앞선다.	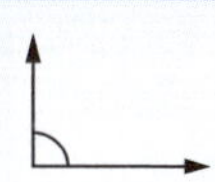

예제 4-7 정전용량 C의 교류 회로에서 정전용량이 20[μF], 주파수 60[Hz], 전압 220[V]를 가할 때 용량 리액턴스와 전류를 구하시오.

풀이 $X_C = \frac{1}{2\pi f C} = \frac{1}{2\pi \times 60 \times 20 \times 10^{-6}} = 132.7[\Omega]$

$I = \frac{V}{X_C} = \frac{220}{132.7} \fallingdotseq 1.66[\text{A}]$

3 RLC 직렬 회로

(1) RL 직렬 회로

저항 R과 인덕턴스 L의 직렬 회로는 저항 R과 유도 리액턴스 ωL이 전류의 크기를 제한하는 동작을 한다.

저항은 전류의 크기, 코일은 전류의 크기와 위상을 변화시키기 때문에, 두 소자가 직렬로 접속되었을 때는 단순히 대수합으로 구할 수 없고 벡터 합으로 구하여야 한다.

그림 4-14(a)와 같이 저항 $R[\Omega]$과 인덕턴스 $L[\mathrm{H}]$이 직렬로 접속된 회로에 전압 $\overrightarrow{V}$를 가할 때 RL 직렬 회로의 관계는 다음과 같다.

$$V=\sqrt{V_R^2+V_L^2}=\sqrt{(RI)^2+(X_LI)^2}$$
$$=\sqrt{R^2+X_L^2}\cdot I=\sqrt{R^2+(\omega L)^2}\cdot I\,[\mathrm{V}]$$

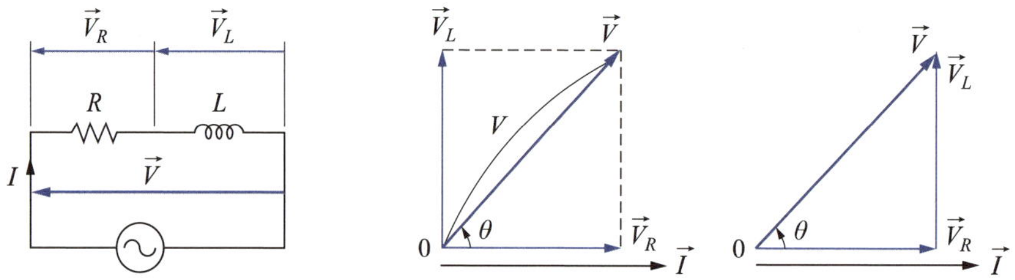

(a) 회로도 (b) 전압 전류도

그림 4-14 직렬 회로

전류 I는 다음과 같이 된다.

$$I=\frac{V}{\sqrt{R^2+(\omega L)^2}}=\frac{V}{\sqrt{R^2+X_L^2}}\,[\mathrm{A}]$$

RL 직렬 회로에서 전압보다 위상이 뒤진 전류가 흐르게 되며, 위상차 θ는 다음과 같다.

$$\tan\theta=\frac{V_L}{V_R}=\frac{X_LI}{RI}=\frac{X_L}{R}=\frac{\omega L}{R}$$

$$\therefore\ \theta = \tan^{-1}\frac{X_L}{R} = \tan^{-1}\frac{\omega L}{R}\ [\text{rad}]$$

교류에서 전류가 흐를 때 전류의 흐름을 방해하는 저항 R, 인덕턴스 L의 벡터의 합을 임피던스(impedance)라고 하며 단위는 [Ω]을 기호는 Z을 사용한다.

$$Z = \sqrt{R^2 + (\omega L)^2} = \sqrt{R^2 + X_L^2}\ [\Omega]$$

그림 4-15와 같이 나타낸 것을 임피던스도(impedance diagram)라고 한다.

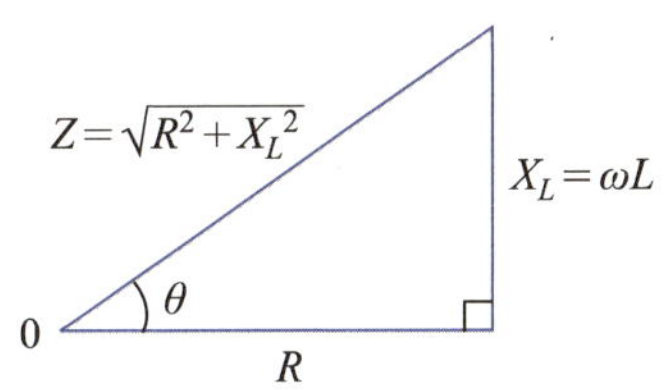

그림 4-15 임피던스도

임피던스 Z는 회로에 흐르는 전류의 크기를 제한하고 임피던스 각 θ는 전압과 전류의 위상차를 나타낸다.

예제 4-8 RL 직렬 회로에서 저항 $R=4[\Omega]$, $j\omega L=8[\Omega]$이다. 이 회로에 흐르는 전류 $\dot{I}=2\angle-90°[A]$라면, 합성회로 양단의 전압은 얼마인가?

풀이 $Z = R + j\omega L = 4 + j8\,[\Omega]$

합성회로 양단의 전압 $V_{(R+L)} = \dot{Z} \times \dot{I} = (4+j8)\cdot(-2j) = 16 - j8$

---

(2) RC 직렬 회로

저항 R[Ω]과 정전용량 C[F]의 직렬 회로는 저항 R과 용량 리액턴스 $1/\omega C$이 모두 전류의 크기를 제한한다.

저항은 전류의 크기, 정전용량은 전류의 크기와 위상을 변화시키기 때문에, 두 소자가 직렬로 접속되었을 때는 서로 벡터적으로 합해져서 전류의 흐름을 방해한다.

그림 4-16(a)와 같은 RC 직렬 회로에 $\overrightarrow{V}$ [V]의 사인파 전압을 가했을 때, 회로에 흐르는 전류를 $\overrightarrow{I}$ [V]라 하고 저항과 정전용량의 양단에 걸리는 전압을 각각 $\overrightarrow{V_R}$, $\overrightarrow{V_C}$ [V]라 한다. 이때, 전류와의 관계는 다음과 같이 된다.

$$\overrightarrow{V_R} = R\overrightarrow{I}, \quad \overrightarrow{V_C} = X_C\overrightarrow{I}$$

여기서, $\overrightarrow{V_R}$는 전류 $\overrightarrow{I}$와 동상이 되고, $\overrightarrow{V_C}$는 전류 $\overrightarrow{I}$보다 $\pi/2$ [rad]만큼 위상이 뒤진다. 전체 전압 $\overrightarrow{V}$는 다음과 같이 된다.

$$\overrightarrow{V} = \overrightarrow{V_R} + \overrightarrow{V_C}$$

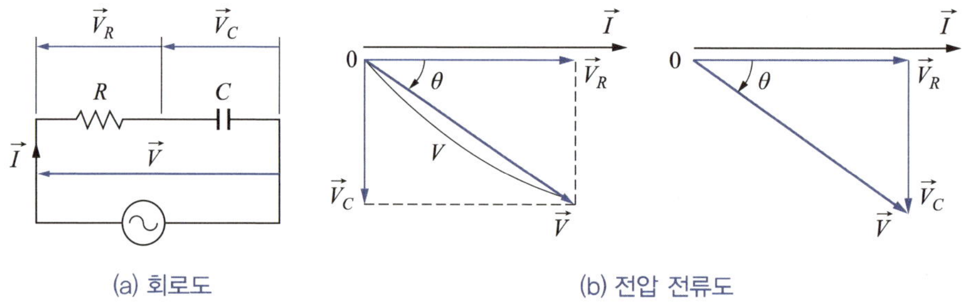

그림 4-16 RC 직렬 회로

따라서, 위의 두 식을 벡터도로 그리면 그림 4-16(b)와 같이 된다. 또, 직렬 회로에서는 회로에 흐르는 전류가 일정하므로 전류를 기준 벡터로 잡는 것이 편리하다. 전압 $\overrightarrow{V}$의 크기 V만을 구해보면

$$\begin{aligned} V &= \sqrt{V_R^2 + V_C^2} = \sqrt{(RI)^2 + (X_C I)^2} \\ &= \sqrt{R^2 + X_C^2} \cdot I = \sqrt{R^2 + \left(\frac{1}{\omega C}\right)^2} \cdot I \end{aligned}$$

가 되므로, 전류 I는 다음과 같이 된다.

$$I = \frac{V}{\sqrt{R^2 + \left(\frac{1}{\omega C}\right)^2}} = \frac{V}{\sqrt{R^2 + X_c^2}} \text{ [A]}$$

RC 직렬 회로에서 전압보다 위상이 앞선 전류가 흐르게 되며, 위상차 θ는 다음과 같다.

$$\tan\theta = \frac{V_C}{V_R} = \frac{X_C I}{RI} = \frac{X_C}{R} = \frac{1}{\omega CR}$$

$$\therefore \ \theta = \tan^{-1}\frac{X_C}{R} = \tan^{-1}\frac{1}{\omega CR} \text{ [rad]}$$

RC 직렬 회로의 임피던스는 다음과 같다.

$$Z = \sqrt{R^2 + \left(\frac{1}{\omega C}\right)^2} = \sqrt{R^2 + X_C^2} \text{ [}\Omega\text{]}$$

그림 4-17과 같이 나타낸 것을 임피던스도(impedance diagram)라고 한다.

임피던스 Z는 회로에 흐르는 전류의 크기를 제한하고 임피던스 각 θ는 전압과 전류의 위상차를 나타낸다.

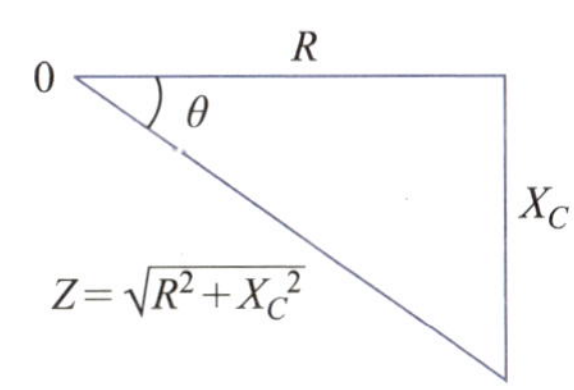

그림 4-17 임피던스도

(3) LC 직렬 회로

인덕턴스 L[H]과 정전용량 C[F]가 접속된 직렬 회로에 $\overrightarrow{V}$[V]의 사인파 전압을 가할 때, 회로에 흐르는 전류를 $\overrightarrow{I}$[A]라 하고 L, C에 걸리는 전압을 각각 $\overrightarrow{V_L}$, $\overrightarrow{V_C}$라 하면 전류 $\overrightarrow{I}$와의 관계는 다음과 같다.

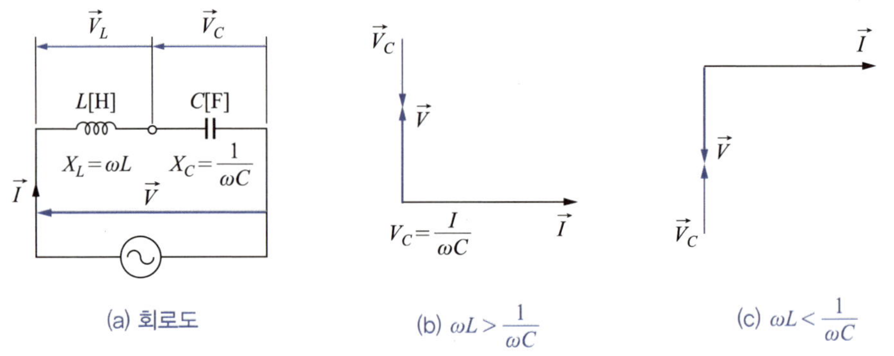

(a) 회로도 (b) $\omega L > \frac{1}{\omega C}$ (c) $\omega L < \frac{1}{\omega C}$

그림 4-18 LC 직렬 회로

$$\overrightarrow{V_L} = X_L \vec{I} = \omega L \vec{I}, \quad \overrightarrow{V_C} = X_C \vec{I} = \frac{\vec{I}}{\omega C}$$

또한 전체 전압 $\vec{V}$는 다음과 같이 된다.

$$\vec{V} = \overrightarrow{V_L} + \overrightarrow{V_C}$$

전류 $\vec{I}$를 기준으로 한 벡터 그림은 $\omega L > \dfrac{1}{\omega C}$의 경우에 그림 4-18(b)와 같이 된다. 그러므로 전압의 크기 관계는

$$V = \overrightarrow{V_L} - \overrightarrow{V_C} = \omega L I - \frac{I}{\omega C} = \left(\omega L - \frac{1}{\omega C}\right) I \,[\mathrm{V}]$$

와 같이 되며, 위의 식으로부터 다음 식이 얻어진다.

$$I = \frac{V}{\left(\omega L - \frac{1}{\omega C}\right)} = \frac{V}{Z} \,[\mathrm{A}]$$

전류 $\vec{I}$와 전압 $\vec{V}$의 위상관계는 다음과 같다.

1) $\omega L > \dfrac{1}{\omega C}$ 인 경우

① $\vec{I}$ 는 $\vec{V}$ 보다 뒤진(lag) 전류

② 유도성 리액턴스

2) $\omega L < \dfrac{1}{\omega C}$ 인 경우

① $\vec{I}$ 는 $\vec{V}$ 보다 앞선(lead) 전류

② 용량성 리액턴스

(4) RLC 직렬 회로

그림 4-19(a)와 같이 저항 R, 인덕턴스 L, 정전용량 C를 직렬로 접속하고, 이 회로에 전류 I를 흐르게 하려면 전류와 동상인 $\overrightarrow{V_R} = \overrightarrow{IR}$ [V], $\pi/2$ [rad]만큼 위상이 앞서는 $\overrightarrow{V_L} = \vec{I}\,X_L$ [V], $\pi/2$ [rad]만큼 위상이 뒤지는 $\overrightarrow{V_C} = \vec{I}\,X_C$[V]의 3개 전압의 벡터 합과 같은 전압 $\vec{V}$ 을 가하여야 한다.

그림 4-19(b)로부터 이러한 전압의 벡터 합은 다음과 같이 된다.

$$V = \sqrt{V_R^2 + (V_L - V_C)^2} = \sqrt{(IR)^2 + (IX_L - IX_C)^2}$$
$$= I\sqrt{(R)^2 + (X_L - X_C)^2}\ [\mathrm{V}]$$

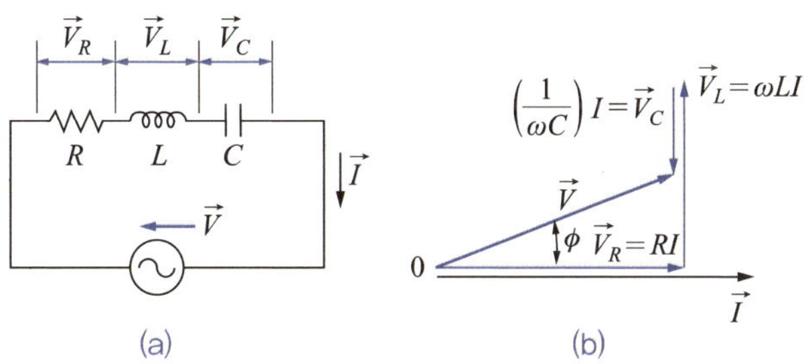

그림 4-19 RLC 직렬 회로

따라서 전류 I는 다음과 같이 나타낼 수 있다.

$$I = \frac{V}{\sqrt{(R)^2 + (X_L - X_C)^2}} = \frac{V}{Z}$$

$$Z = \sqrt{(R)^2 + (X_L - X_C)^2} = \sqrt{(R)^2 + \left(\omega L - \frac{1}{\omega C}\right)^2}$$

여기서, Z는 전류를 제한하는 양으로 임피던스(Impedance)라 하며, 단위는 옴[Ω]을 사용한다. 그리고 다음과 같은 식으로 표시되는 X를 리액턴스(reactance)라 한다.

임피던스 Z의 리액턴스 성분은 유도 리액턴스와 용량 리액턴스의 대수차로 이루어지며 임피던스 Z는 저항성분과 리액턴스성분의 벡터 합으로 이루어진다.

$$X = X_L - X_C = \omega L - \frac{1}{\omega C}\,[\Omega]$$

전압과 전류와의 위상차 θ는 다음과 같다.

$$\tan\theta = \frac{V_L - V_C}{V_R} = \frac{X_L - X_C}{R}$$

$$\therefore\ \theta = \tan^{-1}\frac{X_L - X_C}{R}\,[\text{rad}]$$

1) $X_L > \frac{1}{X_C}$인 경우

① 전류는 전압보다 뒤진 전류가 흐른다.

② 유도성 리액턴스라고 한다.

2) $X_L < \frac{1}{X_C}$인 경우

① 전류는 전압보다 앞선 전류가 흐른다.

② 용량성 리액턴스라고 한다.

RLC 직렬 회로에서 전압과 전류가 동상이 되는 상태를 직렬공진이라고 한다.
직렬공진 조건은 다음과 같으며

$$\omega L = \frac{1}{\omega C}$$

직렬공진일 때 임피던스 Z는 다음과 같이 된다.

$$Z = \sqrt{R^2 + \left(\omega L - \frac{1}{\omega C}\right)^2} = \sqrt{R^2 + 0^2} = R[\Omega]$$

즉 $X_L = \frac{1}{X_C}$가 되면 $X = 0$이고, $Z = R$로 되어 저항만의 회로와 같다. 따라서 직렬공진이 일어났을 때 Z는 최소가 되고 I는 최대가 된다.

이때, 주파수는 $2\pi f L = \frac{1}{2\pi f C}$로부터

$$f = \frac{1}{2\pi\sqrt{LC}}\,[\mathrm{Hz}]$$

되며, 이를 공진 주파수라고 한다.

직렬공진회로에서 공진 주파수에 가까운 주파수일수록 교류 전류를 잘 통과시키는데 이러한 성질을 공진회로의 주파수 선택특성이라 한다.

선택도 Q는 다음과 같다.

$$Q = \frac{V_L}{V} = \frac{V_C}{V} = \frac{\omega L}{R} = \frac{1}{\omega_0 CR} = \frac{1}{R}\sqrt{\frac{L}{C}}$$

여기서, V : 전원전압
V_L : L에 걸리는 전압
V_C : C에 걸리는 전압
ω_0 : 각속도
L : 인덕턴스
C : 정전용량
R : 저항

예제 4-9 RLC 직렬 회로에서 저항 $R = 50[\Omega]$, $X_L = 80[\Omega]$, $X_C = 40[\Omega]$, 전원전압 220[V]일 때 임피던스, 전류, 위상관계를 구하라.

풀이 $Z = \sqrt{(R)^2 + (X_L - X_C)^2} = \sqrt{50^2 + (80-40)^2} = 64.03$

$I = \dfrac{V}{Z} = \dfrac{220}{64.03} = 3.44[\text{A}]$

$\theta = \tan^{-1}\dfrac{X_L - X_C}{R} = \tan^{-1}\dfrac{80-40}{50} = 38.66[\text{rad}]$

4 RLC 병렬 회로

(1) RL 병렬 회로

그림 4-20(a)와 같이 R과 L이 병렬로 접속된 회로에서는 단자 전압이 일정하고 각 소자에 흐르는 전류가 다르므로 전압을 기준으로 하여 벡터도를 그리는 것이 편리하다. 그림 4-20(b) 병렬 회로의 벡터도로부터 전류 I의 크기를 구하면 다음과 같이 된다.

$$I = \sqrt{I_R^2 + I_L^2} = \sqrt{\left(\frac{V}{R}\right)^2 + \left(\frac{V}{\omega L}\right)^2}$$
$$= V\sqrt{\left(\frac{1}{R}\right)^2 + \left(\frac{1}{\omega L}\right)^2} = \frac{V}{\dfrac{1}{\sqrt{\left(\frac{1}{R}\right)^2 + \left(\frac{1}{\omega L}\right)^2}}} = \frac{V}{Z}[\text{A}]$$

RL 병렬 회로의 합성 임피던스 Z는 위의 식에서와 같이

$$Z = \frac{1}{\sqrt{\left(\frac{1}{R}\right)^2 + \left(\frac{1}{X_L}\right)^2}}[\Omega]$$

이 된다.

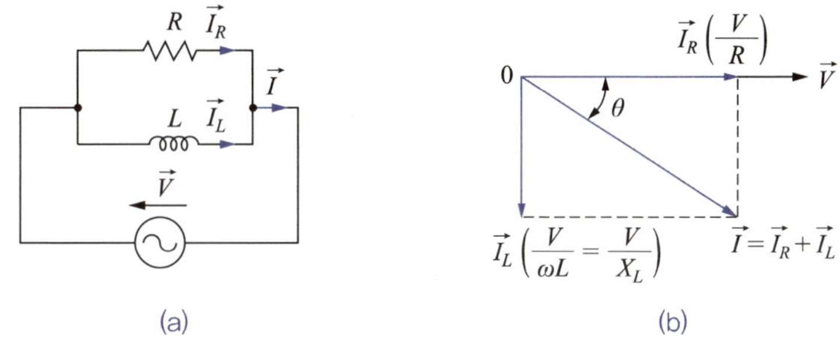

그림 4-20 RL 병렬 회로

또한, 그림 4-20(b)로부터 전압보다 위상이 뒤진 전류가 흐르게 되며, 위상차 θ는 다음과 같다.

$$\tan\theta = \frac{I_L}{I_R} = \frac{\frac{V}{X_L}}{\frac{V}{R}} = \frac{R}{X_L}$$

$$\therefore\ \theta = \tan^{-1}\frac{R}{X_L}\ [\text{rad}]$$

(2) RC 병렬 회로

R과 C가 병렬로 접속된 회로에서는 단자 전압이 일정하고 각 소자에 흐르는 전류가 다르므로 전압을 기준으로 하여 벡터도를 그리는 것이 편리하다. 그림 4-21(b)의 벡터도로부터 전류 I의 크기를 구하면 다음과 같이 된다.

$$I = \sqrt{I_R^2+I_C^2} = \sqrt{\left(\frac{V}{R}\right)^2+(\omega CV)^2}$$

$$= V\sqrt{\left(\frac{1}{R}\right)^2+(\omega C)^2} = \frac{V}{\frac{1}{\sqrt{\left(\frac{1}{R}\right)^2+(\omega C)^2}}} = \frac{V}{Z}\ [\text{A}]$$

RC 병렬 회로의 합성 임피던스 Z는 위의 식에서와 같이

$$Z = \frac{1}{\sqrt{\left(\frac{1}{R}\right)^2 + (\omega C)^2}} [\Omega]$$

이 된다.

또한, 그림 4-21(b)로부터 전압보다 위상이 빠른 전류가 흐르게 되며, 위상차 θ는 다음과 같다.

$$\tan\theta = \frac{I_C}{I_R} = \frac{\omega CV}{\frac{V}{R}} = \omega CR$$

$$\therefore \ \theta = \tan^{-1}\omega CR \, [\text{rad}]$$

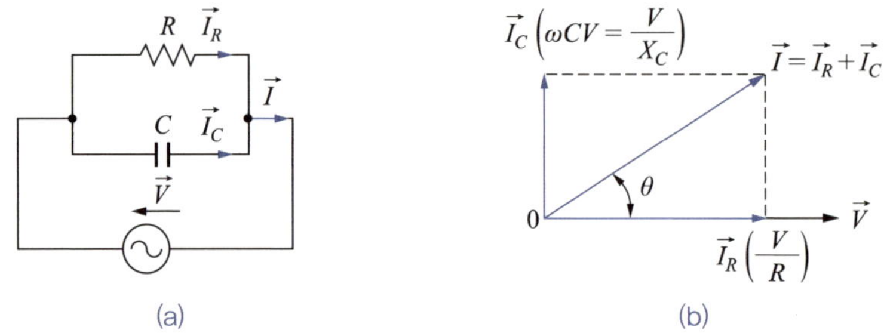

그림 4-21 RC 병렬 회로

(3) LC 병렬 회로

그림 4-22와 같이 L[H]의 인덕턴스와 C[F]의 정전용량이 병렬로 접속된 회로를 해석해 보면, 이때 L에 흐르는 전류 $\vec{I_L}$과, C에 흐르는 $\vec{I_C}$는 위상이 180° 다르게 된다. 따라서, 전류 $\vec{I}$의 크기는 $\vec{I_L}$과 $\vec{I_C}$의 크기의 차가 된다.

$\frac{1}{\omega L} > \omega C$의 경우는 다음과 같이 된다.

$$I = I_L - I_C = \frac{V}{\omega L} - \omega C V = \left(\frac{1}{\omega L} - \omega C\right) V$$
$$= \frac{V}{\dfrac{1}{\dfrac{1}{\omega L} - \omega C}} = \frac{V}{Z}\,[\mathrm{A}]$$

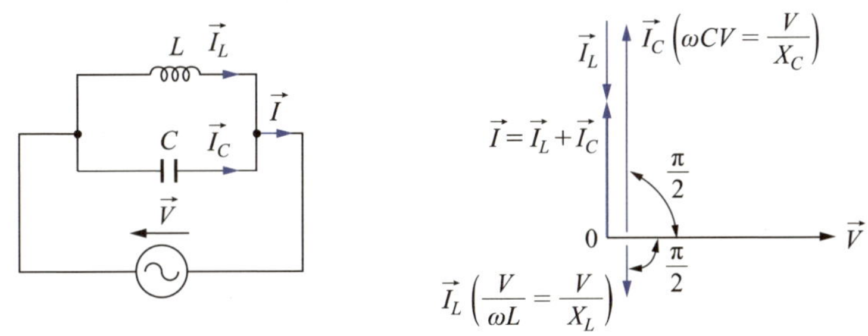

(a) 회로도 (b) 벡터도

그림 4-22 LC 병렬 회로

그리고 LC 병렬 회로에서 V와 I의 위상차는 항상 $\pi/2$ [rad]이지만, $1/\omega L$과 ωC의 크기에 의해 V와 I의 위상 관계가 결정된다.

1) $\dfrac{1}{\omega L} < \omega C$인 경우

① $I_L < I_C$이고 I가 앞선 위상

② 용량성 리액턴스

2) $\dfrac{1}{\omega L} > \omega C$인 경우

① $I_L > I_C$이고 I가 뒤진 위상

② 유도성 리액턴스

따라서, LC 병렬 회로의 합성 임피던스는 $\dfrac{1}{\omega L} < \omega C$의 경우는 용량 리액턴스로 작용하고, $\dfrac{1}{\omega L} > \omega C$의 경우는 유도 리액턴스로 작용한다.

(4) RLC 병렬 회로

그림 4-23(a)와 같은 RLC 병렬 회로에 전압 V를 가할 때 전류 I를 구하기 위해 앞에서와 같이 벡터도를 그리면 그림 4-23(b)와 같이 되는데, 여기서는 $X_L < X_C$인 경우로 가정하면

$$I = \sqrt{I_R^2 + I_X^2} = \sqrt{I_R^2 + (I_C - I_L)^2} = \sqrt{\left(\frac{V}{R}\right)^2 + \left(\frac{V}{X_C} - \frac{V}{X_L}\right)^2}$$

$$= V\sqrt{\left(\frac{1}{R}\right)^2 + \left(\frac{1}{X_C} - \frac{1}{X_L}\right)^2} = \frac{V}{\dfrac{1}{\sqrt{\left(\frac{1}{R}\right)^2 + \left(\frac{1}{X_C} - \frac{1}{X_L}\right)^2}}}$$

$$= \frac{V}{Z}\,[\mathrm{A}]$$

따라서, RLC 병렬 회로의 합성 임피던스 Z는 다음과 같이 된다.

$$Z = \frac{1}{\sqrt{\left(\frac{1}{R}\right)^2 + \left(\frac{1}{X_C} - \frac{1}{X_L}\right)^2}}\,[\Omega]$$

또한, 그림 4-23(b)로부터 전류와 전압의 위상차 θ를 구하면 다음과 같이 된다.

$$\tan\theta = \frac{I_X}{I_R} = \frac{\dfrac{V}{X_C} - \dfrac{V}{X_L}}{\dfrac{V}{R}} = R\left(\frac{1}{X_C} - \frac{1}{X_L}\right)$$

$$\therefore\ \theta = \tan^{-1} R\left(\frac{1}{X_C} - \frac{1}{X_L}\right)$$

$$= \tan^{-1}\left(X\pi f C - \frac{1}{X\pi f L}\right) R\,[\mathrm{rad}]$$

$X_L < X_C$인 경우, 전류는 전압보다 뒤진 전류가 흐르고 이를 유도성 부하

$X_L > X_C$인 경우, 전류는 전압보다 앞선 전류가 흐르고 이를 용량성 부하라 한다.

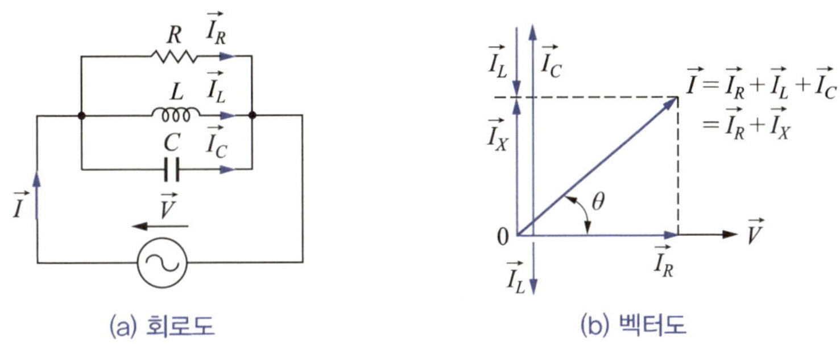

그림 4-23 RLC 병렬 회로

(5) 역률 개선

저항 R, 유도 리액턴스 X_L, 용량 리액턴스 X_C가 직렬로 연결된 회로의 역률 $\cos\theta$는

$$\cos\theta = \frac{R}{\sqrt{R^2 + (X_L - X_C)^2}} = \frac{R}{Z}$$

로 나타낼 수 있다.

공장 등 대부분의 사업장에 있어서의 부하는 유도성 부하가 훨씬 많으므로 X_L이 큰 값을 가지므로 역률 $\cos\theta$는 낮게 된다. 이처럼 역률이 낮게 되면 $P = VI\cos\theta$의 관계식에서 동일부하에 동일한 전압에서 많은 전류를 공급해 주어야 한다.

전류가 증가되면 많은 열손실이 생기며 전압 변동률도 커진다. 따라서 이를 방지하기 위하여 부하에 병렬로 커패시터를 접속하여 $X = X_L - X_C$의 값을 0에 가까운 값으로 하여 부하에 흐르는 전류의 위상을 전압의 위상과 일치하도록 하는데 이를 역률 개선이라 한다.

역률 개선용으로 투입되는 진상용 커패시터의 용량은 다음과 같다.

$$Q_c = P(\tan\theta_1 - \tan\theta_2) = P\left(\frac{\sin\theta_1}{\cos\theta_1} - \frac{\sin\theta_2}{\cos\theta_2}\right) \text{[kVA]}$$

여기서, Q_c : 커패시터의 용량[kVA]
P : 유효전력[kW],
$\cos\theta_1$: 개선 전 역률
$\cos\theta_2$: 개선 후 역률,

$\sin\theta_1$: 개선 전 무효율($\sin\theta_1 = \sqrt{1-\cos^2\theta_1}$)

$\sin\theta_2$: 개선 후 무효율($\sin\theta_2 = \sqrt{1-\cos^2\theta_2}$)

예제 4-10 역률 60[%], 용량 120[kW]의 부하에 대하여 역률을 100[%]로 개선하기 위해 설치해야 하는 콘덴서 용량[kVar]은 얼마인가?

풀이 $Q_c = P(\tan\theta_1 - \tan\theta_2) = P\left(\frac{\sin\theta_1}{\cos\theta_1} - \frac{\sin\theta_2}{\cos\theta_2}\right)$ [kVA]에서 역률을 100[%]로 개선하기 위한 것이므로 $\cos = 1$, $\sin = 0$

$$Q = P\left(\frac{\sin\theta_1}{\cos\theta_1}\right) = 120\left(\frac{0.8}{0.6}\right) = 160[\text{kVar}]$$

5 교류 전력

교류 회로의 전력은 회로에 가해지는 전압과 회로에 흐르는 전류의 곱으로 나타내는데, 교류 회로에서는 전압과 전류 모두 시간에 따라 변화하기 때문에 전력도 시간에 따라 변화한다.

임피던스가 $Z[\Omega]$인 단상 교류 부하를 단상 교류전원 V[V]에 연결하였을 경우 흐르는 전류가 I[A]라면, 단상 전력 P는 다음과 같이 구할 수 있다.

$$P = VI\cos\theta\,[\text{W}]$$

여기서, $\cos\theta$: 역률

전원에서 공급한 피상전력 중 얼마만큼이 유효 전력으로 사용되는지의 정도를 나타내는 것을 역률(power factor; pf)이라 하며 다음과 같은 식으로 나타낸다.

$$\cos\theta = \frac{P}{VI} = \frac{P}{K}$$

여기서, $\cos\theta$: 역률

P : 유효전력[W]
K : 피상전력[VA]

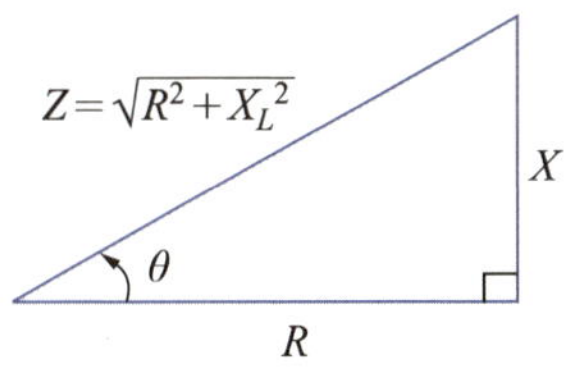

그림 4-24 임피던스 삼각형

그림 4-24와 같이 임피던스 삼각형에서 역률은 다음과 같이 나타낼 수도 있다.

$$\cos\theta = \frac{R}{Z}$$

또한, 전력 P는

$$P = VI\cos\theta = I^2R = \frac{V^2}{R}\,[\mathrm{W}]$$

로 나타낼 수 있다.

(1) 유효전력

전원에서 공급되어 부하에서 유효하게 이용되는 전력을 유효전력(active power) 또는 간단히 전력이라고도 하며 기호로는 P, 단위는 [W] 또는 [kW]을 사용한다.

유효전력은 다음과 같이 표현할 수 있다.

$$P = VI\cos\theta = I^2R = \frac{V^2}{R}\,[\mathrm{W}]$$

예제 4-11 저항이 4[Ω]인 인덕턴스가 8[mH]인 코일에 220[V], 60[Hz]인 전압이 공급될 때 유효전력[kW]을 구하시오.

풀이 $X_L = 2\pi \times 60 \times 8 \times 10^{-3} \fallingdotseq 3[\Omega]$

$Z = \sqrt{4^2 + 3^2} = 5$, $\cos\theta = \frac{4}{5} = 0.8$이고, $I = \frac{V}{Z} = \frac{220}{5} = 44$이다.

따라서, $P = VI\cos\theta = 220 \times 44 \times 0.8 = 7.74[\mathrm{kW}]$

(2) 무효전력

L과 C에서 나타나는 전력으로 실제로 부하에서는 유효하게 이용할 수 없는 전력이므로 무효전력(reactive power)이라 하며 단위는 [Var(Volt-amperes reactive)]를 사용한다.

$$Q = VI\sin\theta = I^2X = \frac{V^2}{X}[\mathrm{Var}]$$

(3) 피상전력

역률을 고려하지 않고 단지 교류 전압과 전류의 실효치를 곱한 것을 피상전력(apparent power)이라 하며, 단위는 [VA] 또는 [kVA]을 사용한다.

피상전력 P_a의 관계는 다음과 같다.

$$P_a = VI = I^2Z[\mathrm{VA}]$$

피상전력은 변압기의 용량 등과 같이 교류전원의 용량을 표시하는데 사용된다.

예제 4-12 전압 200[V], 전류 15[A], 역률 0.6인 회로에서 유효전력, 무효전력, 피상전력을 구하시오.

풀이 유효전력 $P = VI\cos\theta = 200 \times 15 \times 0.6 = 1800[\mathrm{W}]$

무효전력 $Q = VI\sin\theta = 200 \times 15 \times 0.8 = 2400[\mathrm{Var}]$

피상전력 $P_a = VI = 200 \times 15 = 3000[\mathrm{VA}]$

6 3상 교류 회로

(1) 3상 교류로 송전하는 이유

3상 교류는 전압은 같고 120°씩 위상차를 가지는 3개의 전원이 있고 3개의 전선으로 송전한다.

발전소에서 송전되는 전기는 대부분 3상 교류로 보내진다. 많은 전기를 사용하는 공장이나 빌딩의 동력기기 등에는 3상 교류를 사용하고 일반 가정에는 단상 방식으로 전기를 사용한다.

3상으로 부하에 전력을 공급하면, 3개의 단상으로 전력을 공급하는 것과 똑같은 전력을 공급할 수 있으므로 전선수를 감소시킬 수 있어 송전 비용절감 뿐만 아니라 회전자계를 얻을 수 있는 장점이 있다.

(2) 3상 교류 회로의 발생

자계 내에서 도체를 움직여 자속을 끊으면 도체에는 유도 기전력이 발생한다. 그림 4-25(a)와 같이, 평등 자장 내에서 도체 3개를 공간적으로 120°($\frac{2}{3}\pi$)만큼씩 띄어서 배치하고, 반시계 방향으로 회전시키면 도체 a가 유도하는 기전력 v_a는 그림 4-25(b)와 같다.

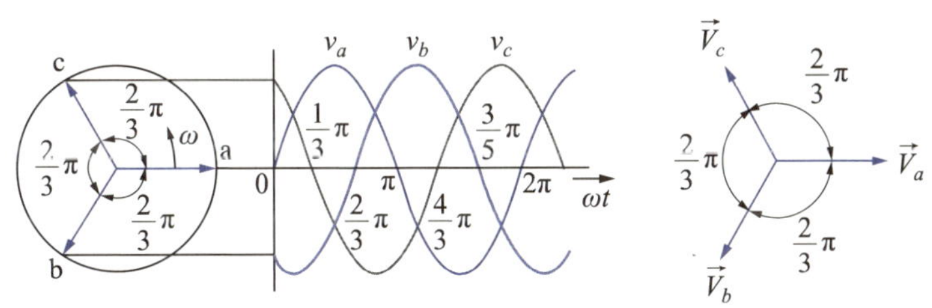

(a) 회전벡터 (b) 파형 (c) 벡터도

그림 4-25 3상 교류

그리고 도체 b는 도체 a보다 120°만큼 뒤지고 도체 c는 도체 a보다 240° 뒤지는 기전력이 된다. 각 기전력은 v_a를 기준으로 하면 다음과 같은 식으로 표시되며, 이러한 3개의 기전력을 조합한 것을 3상 교류라 한다.

$$v_a = V_m \sin\omega t \,[\mathrm{V}]$$

$$v_b = V_m \sin(\omega t - 120°) \text{ [V]}$$
$$v_c = V_m \sin(\omega t - 240°) \text{ [V]}$$

(3) 3상 교류 회로의 결선

3상 교류 회로의 접속을 3상 결선이라고 하며 3상 결선 방법에는 성형결선(star connection), 삼각결선(delta connection) 등이 있으며, 성형결선을 Y결선, 삼각결선을 △결선이라 한다.

1) 성형(Y)결선

그림 4-26과 같이 3상이 동일 극성의 단자를 한 점에 묶어 결선하는 방법을 Y결선 방식이라 한다. 그림에서 각 코일 OA, OB, OC에 흐르는 전류 $\overrightarrow{I_a}$, $\overrightarrow{I_b}$, $\overrightarrow{I_c}$를 상전류(phase current)라 하며, 이것은 외부 선로로 흘러 나간다. 또 외부 선로에 흐르는 전류를 선전류(line current)라 하며, 각 상전류는 각 선전류와 같다.

다음 중성점 O와 단자 A, B, C 사이의 전압 $\overrightarrow{V_a}$, $\overrightarrow{V_b}$, $\overrightarrow{V_c}$를 상전압(phase voltage)이라 하고, 단자 상호간의 전압 $\overrightarrow{V_{ab}}$, $\overrightarrow{V_{bc}}$, $\overrightarrow{V_{ca}}$를 선간전압(line voltage)이라 하며, 선간전압과 상전압 사이에는 다음과 같은 관계가 있다.

$$\overrightarrow{V_{ab}} = \overrightarrow{V_a} - \overrightarrow{V_b} = \left\{\overrightarrow{V_a} + (-\overrightarrow{V_b})\right\} \text{[V]}$$
$$\overrightarrow{V_{bc}} = \overrightarrow{V_b} - \overrightarrow{V_c} = \left\{\overrightarrow{V_b} + (-\overrightarrow{V_c})\right\} \text{[V]}$$
$$\overrightarrow{V_{ca}} = \overrightarrow{V_c} - \overrightarrow{V_a} = \left\{\overrightarrow{V_c} + (-\overrightarrow{V_a})\right\} \text{[V]}$$

또 성형결선의 각 전압을 벡터도로 나타내면 그림 4-26(b)와 같이 되며, 상전압 $\overrightarrow{V_a}$와 선간전압 $\overrightarrow{V_{ab}}$와의 관계는 다음과 같다.

$$\overrightarrow{V_{ab}} = V_a \cos 30° \times 2 = \sqrt{3}\,\overrightarrow{V_a} \text{ [V]}$$

즉, 성형결선으로 하면 각 선간전압은 각 상전압의 $\sqrt{3}$ 배가 된다. 그리고 선간전압 $\overrightarrow{V_{ab}}$는 상전압 $\overrightarrow{V_a}$보다 위상이 30°만큼 앞선다.

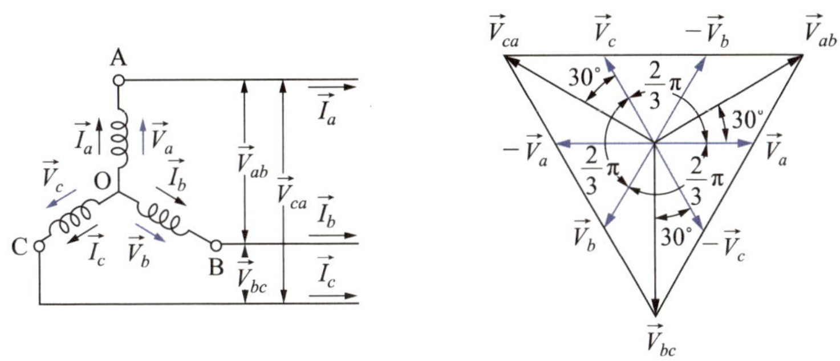

(a) Y결선 (b) 전압 벡터도

그림 4-26 Y결선

예제 4-13 대칭 3상 Y 부하에서 각 상의 임피던스는 $Z=6+j8$이고 부하에 흐르는 전류가 10[A]일 때 이 부하의 선간전압을 구하라.

풀이 $Z_p=\sqrt{6^2+8^2}=10$

Y결선에서는 상전류와 선전류의 크기 및 위상이 같으므로

$I_l=I_p=10[\text{A}]$, 옴의 법칙 $V_p=I_pZ_p$에서 $V_p=10\times 10=100[\text{V}]$

$\therefore\ V_l=\sqrt{3}\,V_p=100\sqrt{3}\,[\text{V}]$

2) △결선

그림 4-27(a)와 같은 △결선에서의 각 상전압은 선간전압과 같게 되므로

$$\overrightarrow{V_{ab}}=\overrightarrow{V_a}\,[\text{V}],\quad \overrightarrow{V_{bc}}=\overrightarrow{V_b}\,[\text{V}],\quad \overrightarrow{V_{ca}}=\overrightarrow{V_c}\,[\text{V}]$$

가 된다.

만일, 상전압 $\overrightarrow{V_a}$, $\overrightarrow{V_b}$, $\overrightarrow{V_c}$가 대칭 3상 전압이라면 선간전압 $\overrightarrow{V_{ab}}$, $\overrightarrow{V_{bc}}$, $\overrightarrow{V_{ca}}$도 대칭 상전압이 되며, 그림 4-27(b)는 이 관계를 나타낸 페이저도이다. 따라서, △결선의 상전압 V_p와 선간전압 V_l의 크기 관계는 다음과 같다.

$$V_p=V_l$$

여기서, V_p : 상전압

V_l : 선간전압

즉, △결선에서 선전류 I_l과 상전류 I_p 사이에는 $I_l = \sqrt{3}\,I_p$의 관계가 있으며, 선전류 I_l은 상전류 I_p보다 위상이 30° 늦게 된다.

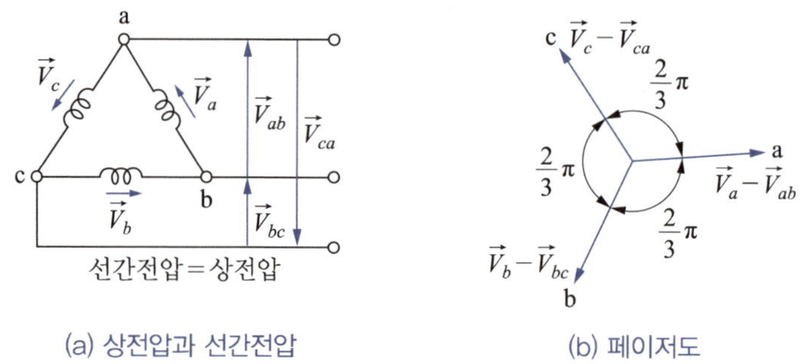

그림 4-27 △결선의 상전압과 선간전압

3) V결선

대칭 △결선의 3상 회로에서 고장 등 어떤 요인에 의하여 1상이 제거되었을 경우 V결선으로 사용할 수 있다. V결선에서는 제거된 1상을 제외한 나머지 2상 전력을 얻을 수 있는 장점이 있다.

V결선시의 전력 P_V는 다음과 같다.

$$P_V = \sqrt{3}\,V_p I_p \cos\theta$$

여기서, P_V : V결선시 전력
V_p : 상전압
I_p : 상전류
$\cos\theta$: 역률

으로 되고 고장전 △결선의 출력을 P_Δ라 하면 $P_\Delta = 3\,V_p I_p \cos\theta$이므로 이들의 출력비와 이용률은 다음과 같다.

$$\text{출력비} = \frac{P_V}{P_\Delta} = \frac{\sqrt{3}\,V_p I_p \cos\theta}{3\,V_p I_p \cos\theta} = \frac{1}{\sqrt{3}} = 0.577$$

$$\text{이용률} = \frac{\sqrt{3}\,V_p I_p \cos\theta}{2\,V_p I_p \cos\theta} = \frac{\sqrt{3}}{2} = 0.866$$

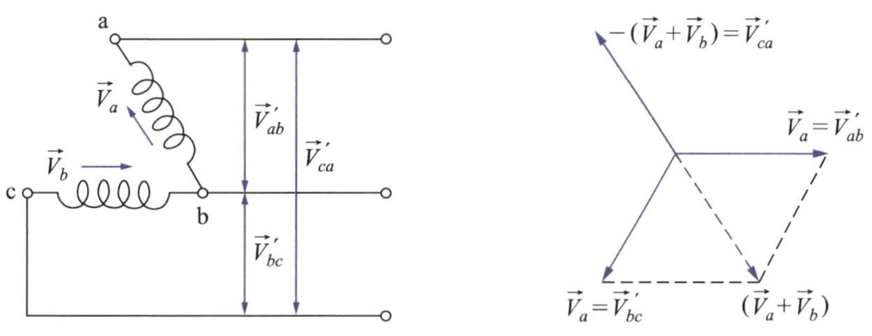

(a) V결선 (b) 전압 벡터도

그림 4-28 V결선

예제 4-14 100[kVA]의 용량을 갖는 단상 변압기 3개를 △결선으로 운전도중 1대가 고장나 V결선으로 운전한다면 이때의 출력[kVA]은 얼마인가?

풀이 $P_\Delta = 3\,V_p I_p = 3 \times 100 = 300[\text{kVA}]$

$P_V = \sqrt{3}\,V_p I_p = \sqrt{3} \times 100 = 100\sqrt{3}\,[\text{kVA}]$

(4) 3상 전력

3상 교류의 각 상의 전압 또는 전류의 세기가 각각 같고, 각 상간의 위상차가 $\frac{2}{3}\pi[\text{rad}]$인 것을 대칭 3상 교류라 한다. 그리고 각 상에 접속된 임피던스가 같은 부하는 평형 3상 부하라 한다.

전원이 대칭 3상 교류 전압이고, 부하도 평형 3상 부하인 평형 3상 회로의 전력은 1상의 전력의 3배로 된다. 상전압, 상전류, 선간전압, 선전류, 역률을 각각 V_p, I_p, V_l, I_l, $\cos\theta$로 나타내면 1상의 전력은 $P_p = V_p I_p \cos\theta[\text{W}]$가 되고, 3상 전력 P는 다음과 같이 된다.

$$P = 3P_p = 3\,V_p I_p \cos\theta \text{ [W]}$$

여기서, V_p : 상전압

I_p : 상전류

전원이 Y결선의 부하의 경우 $V_p = \dfrac{V_l}{\sqrt{3}}$, $I_p = I_l$이고, △결선의 부하의 경우 $V_p = V_l$, $I_p = \dfrac{I_l}{\sqrt{3}}$이므로, Y·△결선 어느 경우에나 3상 전력의 크기는 다음과 같다.

$$P = 3\frac{V_l}{\sqrt{3}} I_l \cos\theta = \sqrt{3}\,V_l I_l \cos\theta \text{ [W]}$$

여기서, V_l : 선전압

I_l : 선전류

연습문제

01 우리나라에서 사용하고 있는 상용주파수는 몇 [Hz]인가?

02 주기 0.002초인 교류의 주파수는?

03 실효값 200[V]의 교류전압을 최대값으로 나타내면 몇 [V]인가?

04 전압 200[V], 전류 10[A]로 8[kW]의 전력을 소비하는 회로의 역률, 저항 및 리액턴스를 구하여라.

05 어떤 코일에 전압 100[V]를 인가하면 500[W]의 전력이 소비되고, 동일 코일에 교류전압 150[V]를 인가하면 720[W]의 전력이 소비된다면 이 코일의 저항 및 리액턴스를 구하여라.

06 단상 변압기 3대를 △결선하여 부하에 전력을 공급하고 있는 도중 변압기 1대의 고장으로 V결선으로 전력을 공급한다면 이때의 전력은 고장전의 몇 배를 공급할 수 있는가?

07 $R = 5[\Omega]$, $X_L = 10[\Omega]$, $X_C = 4[\Omega]$이 병렬로 220[V]의 교류 전압을 가할 때 전류는 몇 [A]인가?

08 10[mH]의 코일에 60[Hz], 220[V]의 교류 전압을 인가한 경우, 유도 리액턴스 $X_L[\Omega]$과 전류[A]를 구하시오.

09 200[μF]의 정전용량을 가진 커패시터에 60[Hz], 220[V]의 교류 전압을 인가한 경우, 용량 리액턴스 $X_C[\Omega]$과 전류[A]를 구하시오.

10 저항 3[Ω]과 유도 리액턴스 4[Ω]이 직렬로 접속된 회로의 역률은?

11 저항 8[Ω], 유도 리액턴스 4[Ω]이 직렬로 접속된 회로의 $Z[\Omega]$은?

12 어떤 정현파 전압의 평균값이 191[V]이면 최대값[V]은?

13 22[kVA]의 부하에 대한 역률이 0.8이라면 무효전력은 몇 [kVar]인가?

14 220[V]의 전압을 3[Ω]과 6[Ω]의 저항을 병렬 접속한 양단에 가했을 때 소비전력[kW]은?

15 직렬공진과 병렬공진의 차이점을 비교 설명하라.

16 저항 4[Ω], X_L 3[Ω]이 직렬로 접속된 회로에 10[A]의 전류가 흐를 때 유효전력[W]과 무효전력[Var]은 얼마인가?

17 피상전력이 10[kVA], 유효전력이 8[kW]이면 역률은 얼마인가?

18 어떤 회로에 $\dot{V} = 60 + j80$[V]의 전압을 가할 경우 $\dot{I} = 4 + j3$[A]의 전류가 흐를 때 이 회로의 리액턴스 및 유효전력과 무효전력을 구하여라.

19 R-L-C 직렬 회로가 직렬공진 되었을 때 합성 전류는 최소가 된다. (참/거짓)

20 R-L-C 병렬 회로가 병렬공진 되었을 때 합성 임피던스는 최소가 된다. (참/거짓)

21 $v = 150\sin\omega t$[V], $i = 6\sin\omega t$[A]인 경우 평균전력을 구하여라.

CHAPTER 05

자동제어

1 자동제어의 개념

어떤 대상물의 현재 상태를 사람이 원하는 상태로 조절하는 것 예를 들어 동력발생 장치의 속도나 힘을 변화시키거나 우주선, 항공기 등이 어떤 진로를 가지기 위해서는 적절한 키의 조작이 필요한 데 이와 같은 조작을 제어(control)라 한다.

이 제어동작을 제어장치나 기계에 의해 자동적으로 행하는 것을 자동제어(automatic control)라 하며, 반대로 인간에 의해 수동으로 행하는 것을 수동제어(manual control)라 한다.

자동제어는 기계 스스로 제어의 필요성을 판단하여 수정 동작을 하는 피드백 제어(feedback control)와 미리 정해놓은 순서에 따라서 제어의 각 단계가 순차적으로 진행되는 시퀀스 제어(sequence control)의 두 종류가 있다.

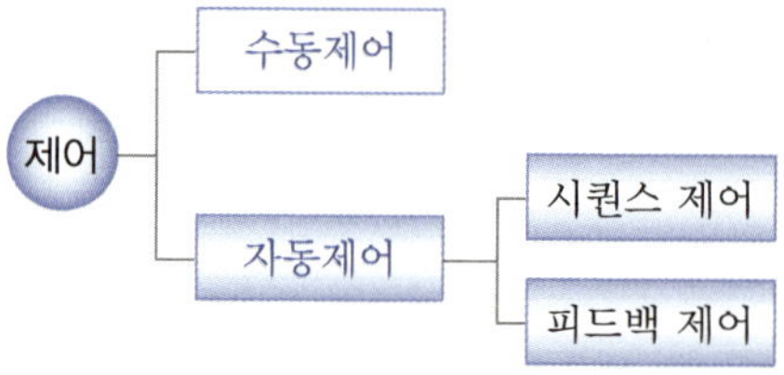

자동제어의 장점

① 연속 작업, 고속 작업 및 고정밀 작업이 가능하다.
② 사람이 접근하기 힘든 곳이나 위험한 곳에서 기계를 이용한 작업이 가능하다.
③ 원자재 및 연료를 절약할 수 있다.
④ 고른 품질의 제품을 얻을 수 있고 불량률도 줄일 수 있다.
⑤ 경제적이고 노력이 절감된다.

2 제어 시스템의 종류

(1) 시퀀스 제어

시퀀스 제어(sequential control)는 미리 정해진 순서에 따라 제어의 각 단계를 순서대로 진행하는 제어이다.

그림 5-1과 같이 제어 동작이 출력과 관계없이 순차적으로 진행하는 제어계를 개루프 제어계(open loop control)라 하며 구조가 가장 간단하고 경제적이다.

그림 5-1 개루프 제어

개루프 제어계 특징

① 입력과 출력을 비교하는 장치가 없다.
② 제어시스템의 구조가 단순하며 조작이 용이하다.
③ 출력은 플랜트와 제어요소의 특성에 의해 결정된다.
④ 오차가 많이 발생하나 오차를 수정할 수 없는 구조이다.
⑤ 정확도와 품질이 떨어진다.

(2) 피드백 제어계

그림 5-2와 같이 출력신호를 입력신호로 되돌려서 제어량의 목표값과 비교하여 정확한 제어가 가능하도록 한 제어계를 피드백 제어계(feedback system) 또는 폐루프 제어계(closed loop system)라 한다.

피드백 제어계에는 입력과 출력을 비교하는 장치가 있어야 하고 개루프 제어에 비하여 감도, 외란, 잡음특성 등이 크게 향상된 제어계이다.

1) 피드백 제어계의 특징

① 정확성이 증가한다.
② 대역폭이 증가한다.
③ 양질의 제품 생산이 가능하며 균일한 제품을 얻을 수 있다.
④ 구조가 복잡하고 설치비가 많이 든다.

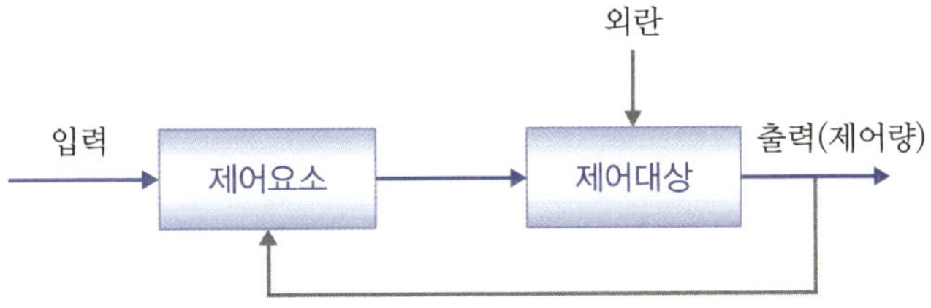

그림 5-2 피드백 제어계

2) 폐루프 제어 시스템의 구성

① 기준 입력요소(reference input element)

제어계를 동작시키는 기준으로서 직접 폐루프에 가해지는 입력이며, 목표값과 일정한 관계를 가지는 기준 입력신호를 발생하는 요소로서 설정부라고도 한다.

② 제어대상(controlled system)

제어 시스템에서 직접 제어를 받는 장치로서 전체 또는 그 일부분을 받는다.

③ 제어장치(control device)

제어를 하기 위해 제어대상에 부착되는 장치이고, 조절부, 설정부, 검출부 등이 이에 속한다.

④ 제어요소(control element)

제어동작 신호를 조작량으로 변환시키는 것으로 조절부와 조작부로 구성되어 있다.

⑤ 조절부(controlling units)

조절부는 제어장치의 핵심이라고 할 수 있는 부분으로서 기준 입력신호와 검출부의 출력신호를 바탕으로 제어계가 소정의 동작에 필요한 신호를 만들어 조작부로 보낸다.

⑥ 제어량(controlled value)

제어장치가 제어대상에 가해지는 제어신호로 제어장치의 출력인 동시에 제어대상의 입력이 된다.

⑦ 목표값(desired value)

제어량이 그 값을 갖도록 목표로서 외부에서 주어지는 값이다.

⑧ 기준제어(reference input)

제어계를 동작시키는 기준으로 직접 제어계에 가해지는 신호를 말한다.

⑨ 검출부(detecting means)

주로 제어대상으로부터 제어량을 검출하고 기준 입력신호와 비교시키는 부분이다.

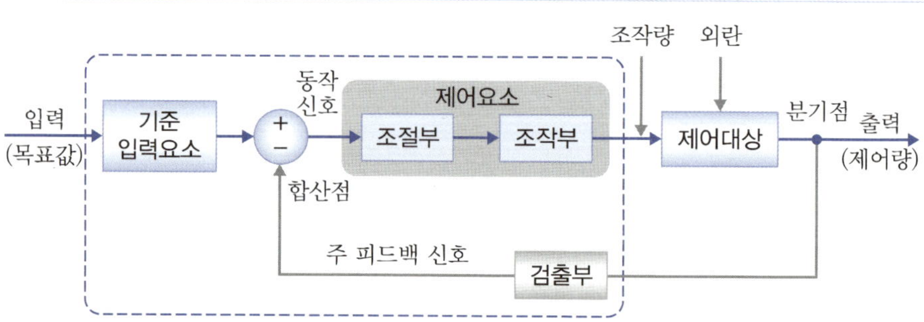

그림 5-3 피드백 제어계 구성

⑩ 외란(disturbance)

시스템 외부에서 발생하여 입력이나 출력에 나쁜 영향을 미치는 크기를 알 수 없는 신호이다.

⑪ 피드백 요소(feedback element)

제어량을 검출하여 주 피드백 신호로 변환하는 것이다.

⑫ 비교부(comparator)

목표값과 제어량의 신호를 비교하여 제어장치에 필요한 신호를 만들어 내는 부분이다.

⑬ 조작량(manipulated)

제어요소가 제어대상에 주는 양이다.

⑭ 제어편차

목표값으로부터 제어량을 뺀 값이다.

⑮ 이상값

실제의 계와 같은 목표값에서 동작하는 이상 간접 제어량의 값이다.

⑯ 이상계

목표값에서 응답이 이상 값이 되는 동작 기능을 갖는 계이다.

3 자동제어의 종류

(1) 제어 목표에 의한 분류

1) 정치제어(fixed value control)

제어시스템의 목표값이 시간에 따라 변하지 않는 제어로서 이미 정해진 입력신호에 의하여 제어되는 기법이다.

발전소의 자동전압조정, 보일러의 자동압력조정, 터빈의 속도제어 등이 있다.

2) 추종제어

임의의 시간적 변화를 하는 목표값에 제어량을 추종시키는 것을 목적으로 하는 제어이다. 그 예로서는 대공포의 포신 제어(fire control), 추적레이더, 유도미사일 등이 있다.

3) 프로그램 제어

미리 정해진 프로그램에 따라 제어량을 변화시키는 것을 목적으로 하는 제어이다. 무인 엘리베이터, 무인 자판기, 무인 열차 등이 이에 속한다.

4) 비율제어

목표값이 다른 것과 일정비율 관계를 가지고 변화하는 경우의 추종제어이다. 이는 목표값이 시간에 대한 미지 함수가 되므로 추종제어의 변형이라 볼 수 있다. 예를 들면, 보일러의 자동연소 제어 등이 있다.

(2) 제어량에 의한 분류

1) 프로세스 제어(process control) : 공업 공정의 상태량

제어량이 온도, 유량, 압력, 액위, 농도, 밀도 등의 플랜트나 생산공정 중의 상태량을 제어량으로 하는 제어로서 프로세스에 가해지는 외란의 억제를 주목적으로 한다.

ex) 밀도, 농도, 온도, 압력, 유량, 습도 등

2) 서보 기구(servo mechanism) : 기계적인 변위량

물체의 위치, 방위, 자세 등의 기계적인 변위를 제어량으로 해서 목표값의 변화에 추종하도록 구성된 제어계를 말한다.

ex) 위치, 방위, 자세, 거리, 각도 등

3) 자동조정(automatic regulation) : 전기적, 기계적 양

전압, 전류, 주파수, 회전 속도, 힘 등 전기적·기계적 양을 제어하는 것으로, 응답속도가 대단히 빨라야 하는 것이 특징이다.

ex) 속도, 전위, 전류, 힘, 주파수 등

4) 시퀀스 제어(sequence control)

미리 정해 놓은 순서 또는 일정한 논리에 의하여 정해진 순서에 따라 제어의 각 단계를 차례로 진행하는 제어를 말한다.

ex) 전기세탁기, 자동판매기, 엘리베이터, 무인 발전소

(3) 조절부의 동작에 의한 분류

1) 연속제어

제어동작이 연속적인 제어를 말하며, 동작 신호와 조작량 사이의 관계에 의하여 비례동작(P동작), 적분동작(I동작), 미분동작(D동작) 및 이들이 조합된 PI동작, PD동작, PID동작 등이 있다.

① **비례제어(proportional controller : P동작)**

조절부의 입력 $e(t)$에서부터 조작량 $y(t)$까지의 피드백 경로 전달 특성이 비례적 특성만을 가진 계이다. 이 계의 조절부 동작을 식으로 표시하면 다음과 같다.

$$y(t) = K_P e(t)$$

여기서, K_P : 비례감도

구조가 가장 간단하나 잔류편차(off-set)가 있는 제어이다.

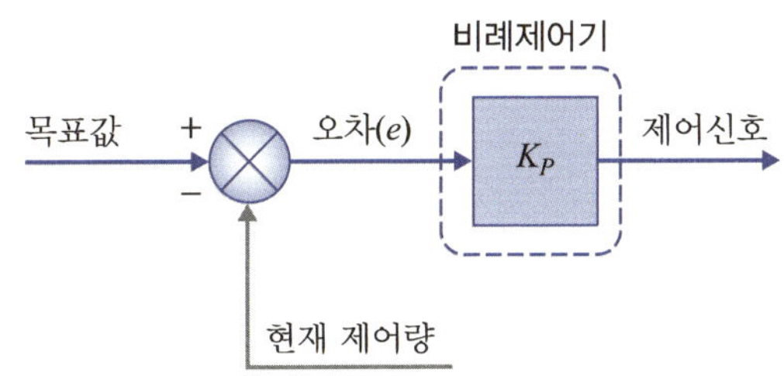

그림 5-4 비례제어기

② **미분제어(differential controller : D동작)**

미분제어는 D동작 또는 rate동작이라고도 부르며 외란에 대한 변화를 보정하는데 사용된다.

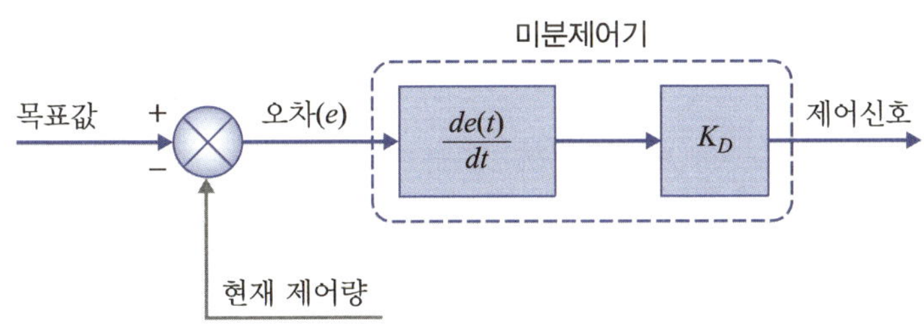

그림 5-5 미분제어기

조절부의 동작을 식으로 표시하면 다음과 같다.

$$y(t) = K_P T_D \frac{de(t)}{dt}$$

여기서, $x(t)$: 입력신호

$y(t)$: 출력신호

③ **적분제어(integral controller : I동작)**

적분동작은 I동작 또는 리셋동작이라고도 하며 비례제어에서 발생할 수 있는 잔류편차를 제거하기 위한 제어이다.

$$y(t) = K_P \frac{1}{T_P} \int e(t)\,dt$$

여기서, T_P : 적분시간

$\frac{1}{T_P}$: 리셋률

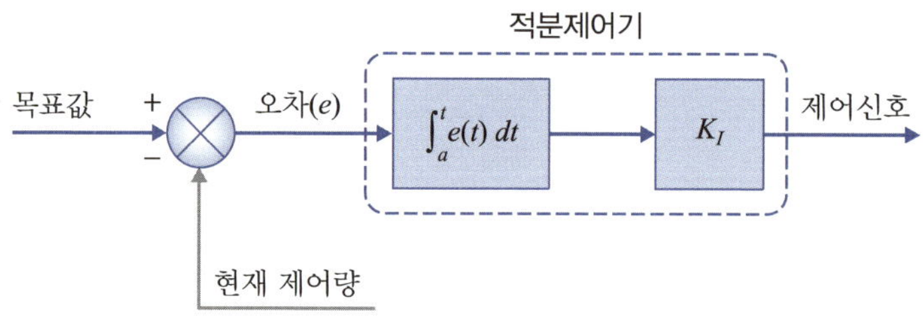

그림 5-6 적분제어기

④ **비례적분제어(proportional and integral action : PI동작)**

비례동작에 의해 발생하는 오프 셋(off set)을 소멸시키기 위해 적분동작을 첨가시킨 동작으로 잔류편차가 적으나 제어결과가 진동적으로 되기 쉽다.

$$y(t) = K_P[e(t) + \frac{1}{T_P} \int e(t)dt]$$

⑤ **비례미분제어(PD동작)**

제어결과에 빨리 도달하도록 미분동작을 부가한 것이다. 응답 속응성의 개선에 사용된다. 조절부 동작을 수식으로 나타내면 다음과 같다.

$$y(t) = K_P\left[e(t) + T_D\frac{de(t)}{dt}\right]$$

⑥ **비례미분적분제어(proportional integral and derivative action : PID동작)**

속응성을 향상시키고 잔류편차도 제거한 제어계로 가장 안정적인 제어계이다.

조절부 동작을 수식으로 나타내면 다음과 같다.

$$y(t) = K_P\left[e(t) + \frac{1}{T_P}\int e(t)dt + T_D\frac{de(t)}{dt}\right]$$

PID 제어의 특징

(ㄱ) 정상특성과 응답속도를 동시에 개선시킨다.

(ㄴ) 오버슈트(over shute)를 감소시킨다.

(ㄷ) 연속 선형제어를 한다.

(ㄹ) 정정시간을 단축시키는 기능이 있다.

2) 불연속제어(noncontinuous control)

제어량이 목표값에서 어떤 양만큼 벗어나면 미리 정해진 일정한 조작량이 대상에 가해지는 단속적 제어 동작이다. 불연속 제어에는 일정한 시간 간격을 두고 간헐적으로 샘플값 신호에 의해서 제어동작을 하는 샘플값 제어(sampled data control), 동작신호가 시간적으로 연속일지라도 조작량이 단계적으로 변화하는 위치 제어(ON/OFF control) 등이 그 대표적인 예이다.

4 전달함수

전달함수(transfer function)란 입력신호에 대한 출력신호의 관계를 수식적으로 표현한 것을 말한다.

제어계를 해석하고 설계하기 위해서는 제어계의 입력과 출력의 관계를 수학적으로 표현할 필요가 있는데 여기에 전달함수가 사용된다.

전달함수는 모든 초기값을 0으로 했을 때 입력신호와 출력신호의 라플라스 변환의 비이다.

그림 5-7에서 입력 $r(t)$의 라플라스 변환을 $R(s)$, 출력 $c(t)$의 라플라스 변환을 $C(s)$ 라고 할 때 전달함수 $G(s)$는 다음과 같다.

$$G(s) = \frac{C(s)}{R(s)}$$

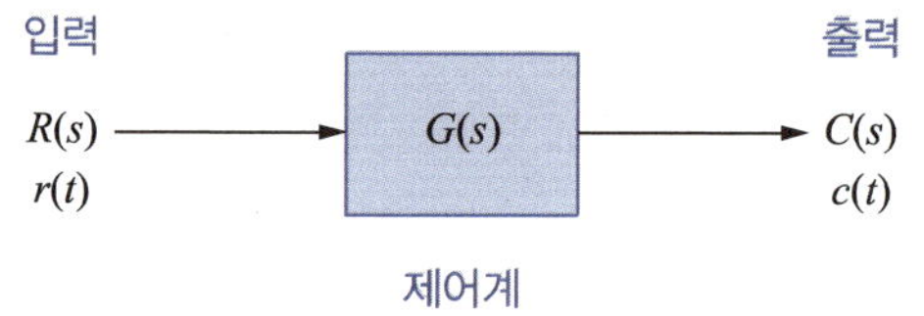

그림 5-7 전달함수

5 블록선도 (Block diagram)

(1) 블록선도의 구성요소

일반적으로 블록선도는 전달요소, 신호흐름표시, 가합, 인출점 등 네 가지 요소로 구성된다. 전달요소란 입력신호를 받아서 출력요소를 만드는 것으로 그림 5-8과 같이 네모상자 안에 표시된다.

그림 5-8에서 입력 $R(s)$, 출력 $C(s)$와의 관계식은 다음과 같은 식으로 표현할 수 있다.

$$C(s) = G \cdot R(s)$$

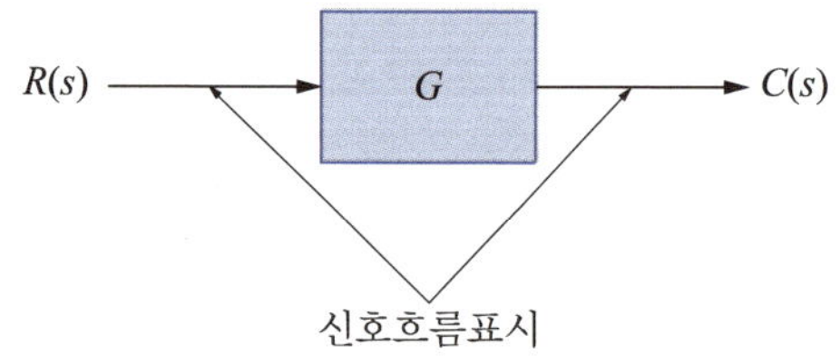

그림 5-8 전달요소

가합은 두 개 이상의 신호에 대하여 합 또는 차를 만드는 역할을 하며 그림 5-9(a)와 같이 표시되며 신호흐름표시 옆에 + 또는 −기호를 붙여 합과 차의 여부를 표시하며 수식으로 나타내면 다음과 같다.

$$A \pm B = C$$

인출점은 하나의 신호를 두 계통으로 분리하는 역할을 하며 그림 5-9(b)와 같이 그리고 수식으로 나타내면 다음과 같다.

$$A = B = C$$

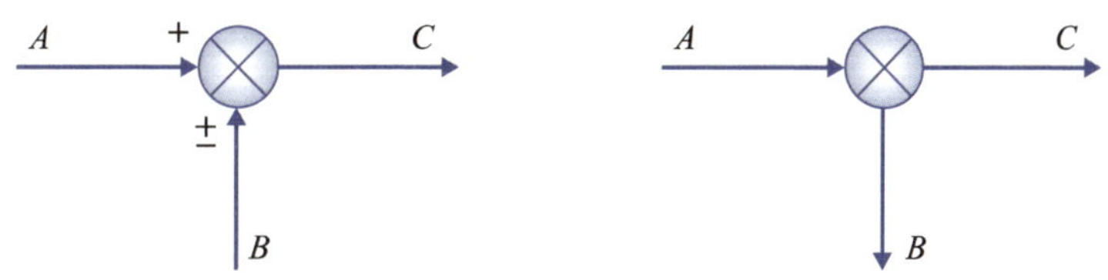

(a) 가합 (b) 인출점

그림 5-9 가합과 인출점

(2) 블록선도의 등가변환

제어계를 블록선도로 표현하더라도 매우 복잡한 경우가 있다. 이를 간략화 하여 제어계 진체의 전달함수를 구하기 위한 방법으로 등가변환이 있다. 기본적인 등가변환으로 블록선도의 직렬 접속, 병렬 접속, 되먹임 접속 등이 있다.

1) 직렬 접속

그림 5-10과 같이 두 개의 전달함수 G_1과 G_2가 접속되어 있는 경우를 직렬 접속이라 하고 식으로 표현하면 다음과 같이 표현할 수 있다.

$$C(s) = G_2 \cdot \{G_1 \cdot R(s)\} = G_1 \cdot \{(G_2 \cdot R(s)\}$$
$$\therefore\ G(s) = G_1 \cdot G_2$$

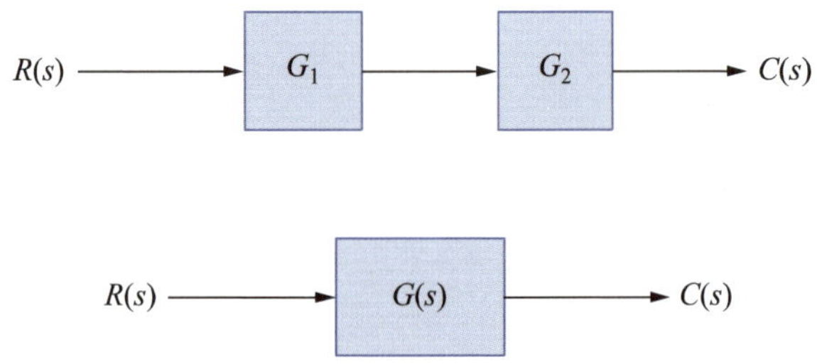

그림 5-10 직렬 결합

2) 병렬 접속

그림 5-11과 같이 두 개의 전달함수 G_1과 G_2가 접속되어 있는 경우를 병렬 접속이라 하고 다음과 같이 표현할 수 있다.

$$C(s) = G_1 \cdot R(s) + G_2 \cdot R(s) = \{G_1 + G_2\} \cdot R(s)$$
$$\therefore\ G(s) = G_1 + G_2$$

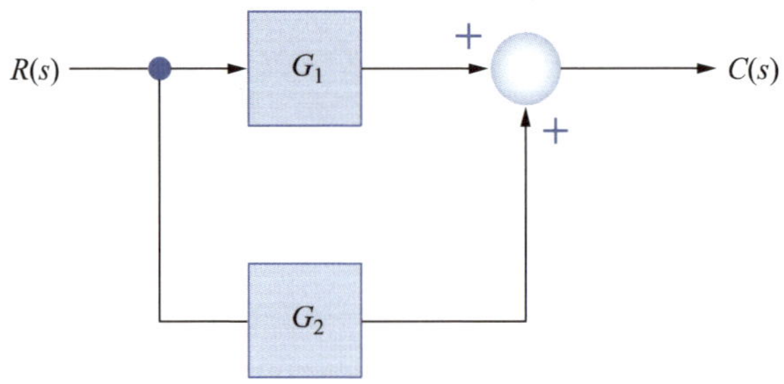

그림 5-11 병렬 결합

3) 피드백 접속

그림 5-12(a)와 같이 두 개의 전달함수 G_1과 G_2가 접속되어 있는 경우를 되먹임 접속이라 하고 식으로 표현하면 다음과 같다.

$$C(s) = G_1 \cdot R(s) - G_1 \cdot \{G_2 \cdot R(s)\}$$

위 식을 $C(s)$에 대하여 정리하면 다음과 같다.

$$\begin{aligned} C_{(s)} &= G_1 R(s) - G_1 \cdot \{G_2 \cdot R(s)\} \\ &= G_1(1 - G_2)R(s) \\ \therefore\ G(s) &= G_1(1 - G_2) \end{aligned}$$

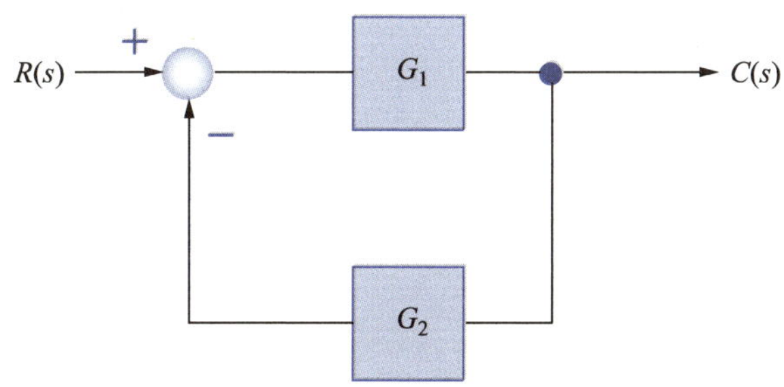

그림 5-12 피드백 결합

표 5-1은 대표적인 블록선도에 대한 등가변환표이다.

표 5-1 대표적인 블록선도에 대한 등가변환표

블록선도	전달함수
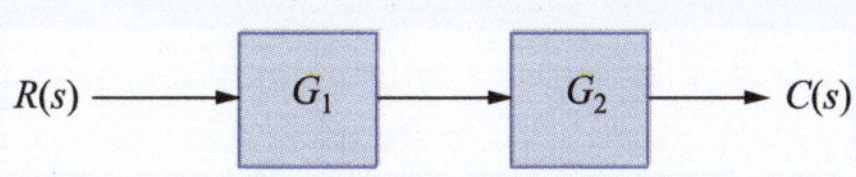	$G(s) = G_1 \cdot G_2$
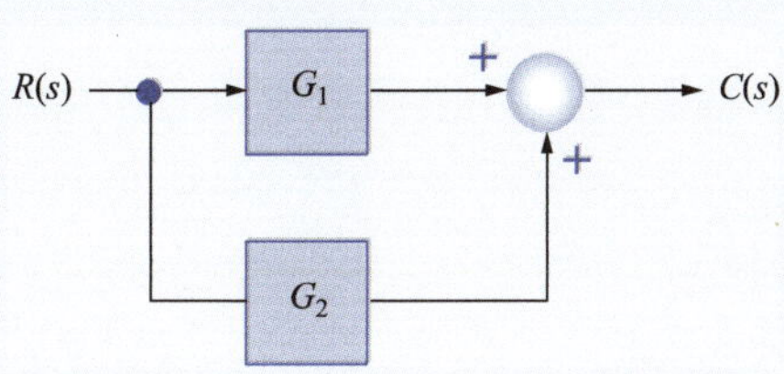	$G(s) = G_1 + G_2$

블록선도	전달함수
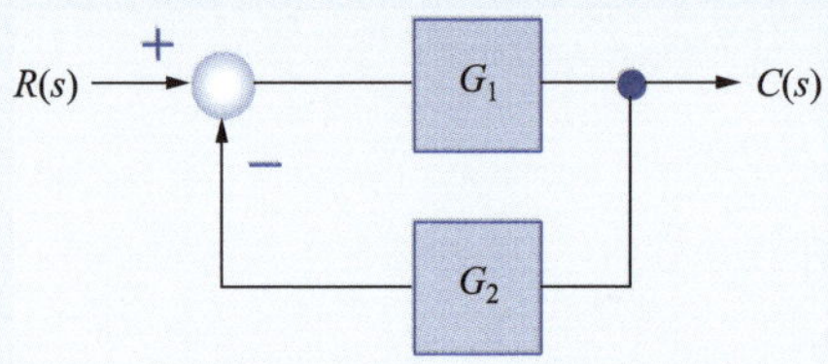	$G(s)=\dfrac{G_1}{1+G_1\cdot G_2}$
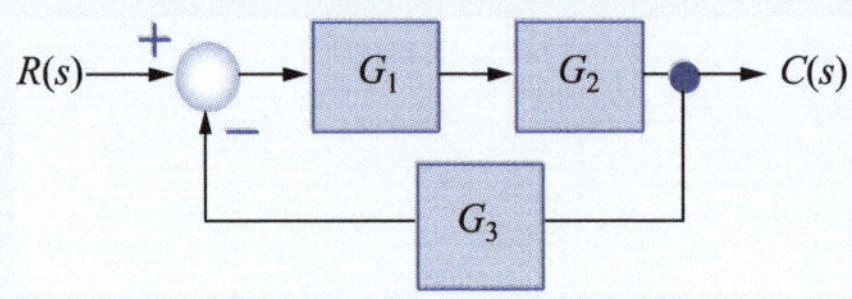	$G(s)=\dfrac{G_1\cdot G_2}{1+G_1\cdot G_2\cdot G_3}$
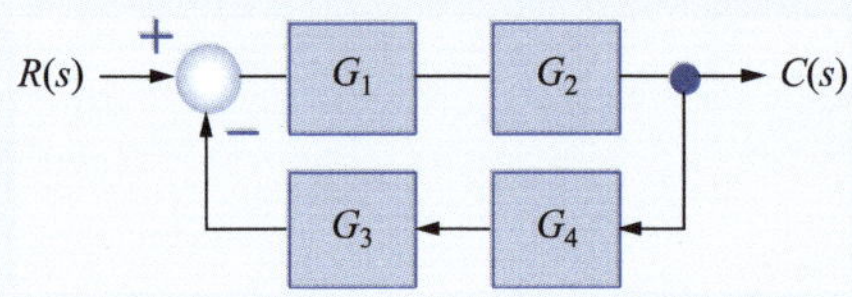	$G(s)=\dfrac{G_1\cdot G_2}{1+G_1\cdot G_2\cdot G_3\cdot G_4}$

6 라플라스 변환

공학에서 제어는 어떤 주어진 물리계의 출력이 우리가 원하는 상태가 되도록 그 물리계의 입력 또는 파라미터를 조정해 주는 것이다. 그러기 위해서는 입력과 출력사이에 성립되는 관계식이 주어져야 하는데, 이 입출력 관계식은 미분방정식으로 기술될 때가 많다. 따라서 제어 입력이나 제어계의 파라미터를 주어진 기준에 맞도록 결정하려면 이 미분방정식을 풀어서 그 해가 입력 또는 파라미터의 변화에 따라 어떻게 변하는가를 고찰하여야 한다.

그런데 선형계의 자동제어이론을 다루는 경우 라플라스 변환법(Laplace transformation)이라고 하는 연산자법을 이용하는 것이 편리하다.

라플라스 변환의 이점은 다음과 같다.

① 연산을 간단히 할 수 있다.
② 함수를 간단히 대수적인 형태로 변형할 수 있다.
③ 임펄스(impulse)나 계단(step)응답을 효과적으로 사용할 수 있다.
④ 미분방정식에서 따로 적분 상수를 결정할 필요가 없다.

(1) 라플라스 변환의 정의

주어진 시간 함수 $f(t)$가 $0<t<\infty$에서 정의된 함수라고 하면, 이 $f(t)$에 e^{-st}를 곱하고 t에 관하여 0에서 ∞까지 적분하여 그 적분이 가능하다면 이 s의 함수 $F(s)$는 다음과 같이 된다.

$$F(s)=\int_0^\infty f(t)e^{-st}dt$$

이 함수 $F(s)$를 원함수 $f(t)$의 라플라스 변환식(Laplace transform)이라고 한다.

(2) 라플라스 변환

1) 기본함수의 라플라스 변환

① 단위 계단 함수(인디셜 함수)

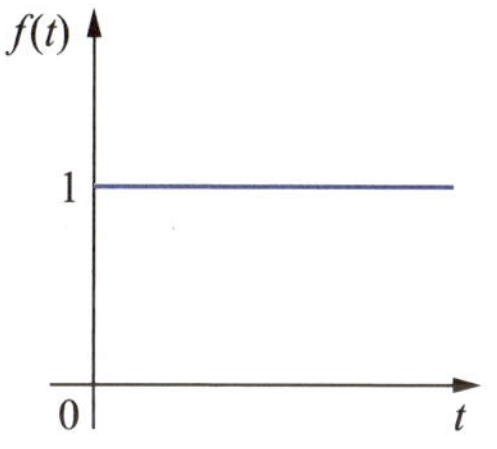

$u(t)=1$

$$\mathcal{L}[u(t)]=\int_0^\infty u(t)e^{-st}dt=\int_0^\infty 1\cdot e^{-st}dt$$

$$=-\frac{1}{s}e^{-st}=0-\left(-\frac{1}{s}\right)=\frac{1}{s}$$

② 단위 임펄스 함수 : $\delta(t)$

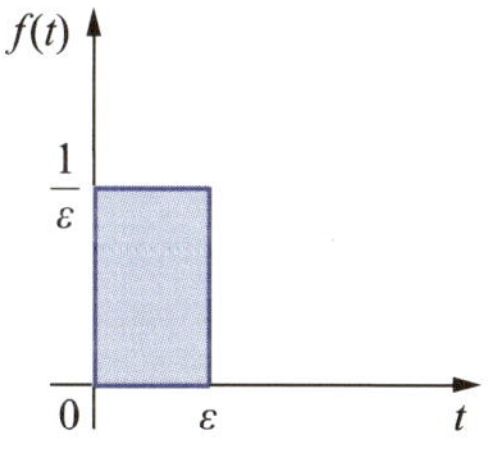

$$\delta(t)=\lim_{\epsilon\to0}\frac{1}{\epsilon}[u(t)-u(t-\epsilon)]$$

$$\mathcal{L}[\delta(t)]=\int_0^\infty \delta(t)e^{-st}dt$$

$$=\lim_{\epsilon\to0}\frac{1}{\epsilon}\int_0^\infty[u(t)-u(t-\epsilon)]e^{-st}dt$$

$$=\lim_{\epsilon\to0}\frac{1}{\epsilon}\cdot\frac{1-e^{-\epsilon s}}{s}=\lim_{\epsilon\to0}\frac{\frac{d}{d\epsilon}(1-e^{-\epsilon s})}{\frac{d}{d\epsilon}\epsilon s}=\frac{s}{s}=1$$

일반적일 라플라스 변환공식을 표 5-2에 정리하였다.

표 5-2 라플라스 변환공식

함수명	$f(t)$	$F(s)$
단위 임펄스 함수	$\delta(t)$	1
단위 계단 함수	$u(t)$	$\frac{1}{s}$
단위 램프 함수	t	$\frac{1}{t^2}$
n차 램프 함수	t^n	$\frac{n!}{s^{n+1}}$
지수감쇠 n차 램프 함수	$t^n e^{-at}$	$\frac{n!}{(s+a)^{n+1}}$
정현파 함수	$\sin\omega t$	$\frac{\omega}{s^2+\omega^2}$
여현파 함수	$\cos\omega t$	$\frac{s}{s^2+\omega^2}$
지수감쇠 정현파 함수	$e^{-at}\sin\omega t$	$\frac{\omega}{(s+a)^2+\omega^2}$
지수감쇠 여현파 함수	$e^{-at}\cos\omega t$	$\frac{s+a}{(s+a)^2+\omega^2}$
쌍곡 정현파 함수	sinhat	$\frac{a}{s^2-a^2}$
쌍곡 여현파 함수	coshat	$\frac{s}{s^2-a^2}$

(3) 라플라스 변환의 성질

1) 선형 정리

$$\mathcal{L}\left[af_1(t)+bf_2(t)\right] = aF_1(s)+bF_2(s)$$

2) 상사 정리

$$\mathcal{L}\left[f\left(\frac{t}{a}\right)\right] = aF(as)$$

3) 시간 추이 정리

$$\mathcal{L}\left[f(t-a)\right] = e^{-as}F(s)$$

4) 복소 추이 정리

$$\mathcal{L}[e^{-at}f(t)] = F(s+a)$$

5) 실미분 정리

$$\mathcal{L}[f'(t)] = sF(s) - f(0)$$

일반적으로 $\mathcal{L}[f^n(t)] = s^n F(s) - \sum_{n}^{k=1} s^{n-k} f^{k-1}(0)$

6) 실적분 정리

$$\mathcal{L}\left[\int_{-\infty}^{t} f(t)\right] = \frac{1}{s}F(s) + \frac{1}{s}f^{-1}(0)$$

7) 복소 미분 정리

$$\mathcal{L}[tf(t)] = -\frac{dF(s)}{ds}$$

일반적으로 $\mathcal{L}[t^n f(t)] = (-1)^n \frac{d^n}{ds^n} f(s)$

8) 복소 적분 정리

$$\mathcal{L}\left[\frac{f(t)}{t}\right] = \int_{0}^{\infty} F(s)ds$$

9) 초기값 정리

$$\lim_{t \to 0} f(t) = \lim_{s \to \infty} sF(S)$$

10) 최종값 정리

$$\lim_{t \to \infty} f(t) = \lim_{s \to 0} sF(S)$$

11) 상승 정리

$$\mathcal{L}\left[\int_{0}^{t} f_1(t-\tau) f_2(\tau) d\tau\right] = F_1(s) F_2(s)$$

12) 복소 상승 정리

$$\mathcal{L}[f_1(t) f_2(t)] = \frac{1}{2\pi j} \int_{\tau - j\infty}^{\tau + j\infty} F_1(s-\lambda) F_2(\lambda) d\lambda$$

13) 주기 함수의 변환

$$\mathcal{L}[f(t)] = \frac{1}{1-e^{-ps}}\int_{o}^{p} f(t)e^{-st}dt$$

7 시퀀스 제어

시퀀스 제어(sequence control)는 미리 정해 놓은 순서에 따라 일련의 제어 단계가 차례대로 진행되는 제어를 말한다.

주로 생산, 제조 공정 등에서 사용되며 각종 계전기를 이용한 유접점 회로로 구성되었는데 최근에는 반도체 소자를 이용한 무접점 회로로 대치되고 있다.

(1) 시퀀스 제어의 종류

시퀀스 제어의 종류는 여러 가지로, 나눌 수 있으나, 접점의 유무에 따라 유접점 방식과 무접점 방식이 있다.

1) 유접점 방식

푸시버튼 스위치, 전자 릴레이, 열동형 계전기 등의 검출기에 의해, 미리 정해진 순서에 따라 제어하는 방식이다.

2) 무접점 방식

무접점 방식 시퀀스 제어는 트랜지스터, 다이오드, 사이리스터 또는 IC 등의 스위칭 동작을 이용해서 제어 회로를 만드는 방식이다.

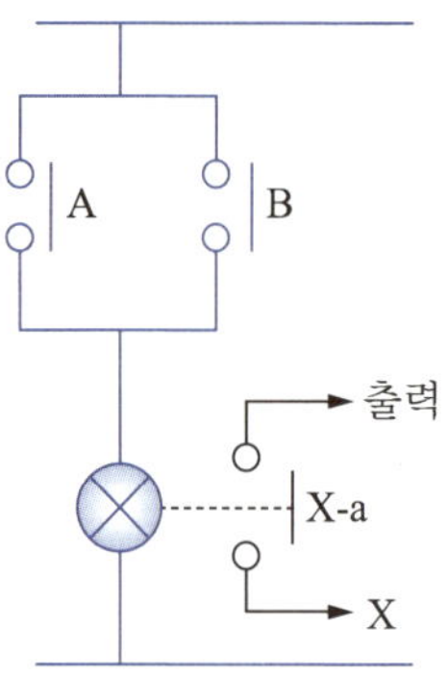

(a) 유접점 방식

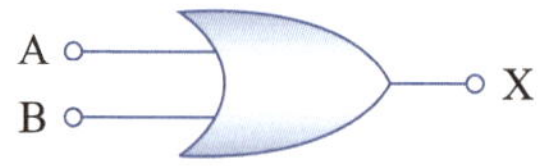

(b) 무접점 방식

(2) 시퀀스 제어의 제어요소

1) 수동조작 자동복귀 접점(푸시버튼 스위치)

푸시버튼 스위치(push button switch)는 사람이 버튼을 누르면 접점이 폐로(閉路 : ON) 되고 손을 떼면 개로(開路 : OFF) 상태로 복귀하는 a접점 또는 반대로 버튼을 누르면 접점이 개로 되고 손을 떼면 폐로 상태로 복귀하는 b접점이 있다.

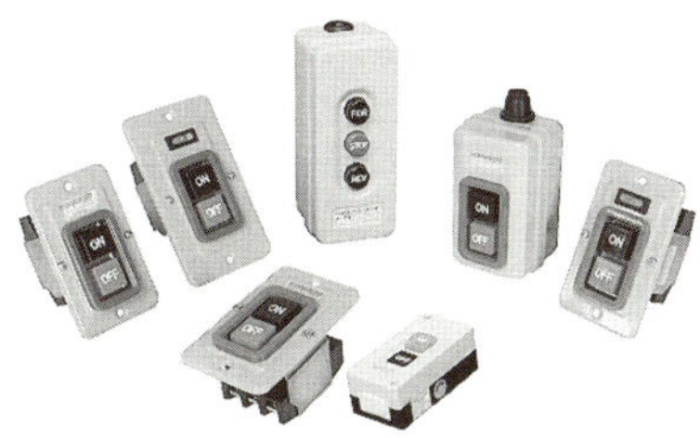

2) 검출 스위치(기계적 접점)

제어 대상의 상태 또는 변화를 검출하기 위한 스위치로서 압력, 액면, 온도 및 위치 등의 제어량을 검출하는 스위치로 리미트 스위치(limit switch), 압력 스위치, 속도 스위치 및 온도 스위치 등이 이에 속한다.

3) 전자 계전기(계전기 접점)

전자 계전기는 전기적 입력에 의해 접점을 개폐함으로써 다른 전기 회로를 제어하는 기기이다.

전자 코일에 전류가 흐르면 전자석이 되면서 가동 철편을 흡인하여 a접점은 폐로가 되고 b접점은 개로 상태가 된다. 반대로 전자코일에 전류가 흐르지 않게 되면 a접점은 개로, b접점은 폐로 상태가 되어 각 접점은 원상태로 복귀된다.

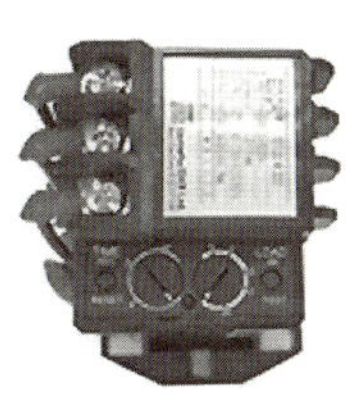

4) 타이머

타이머(timer)는 전원을 인가하면 설정된 시간이 지난 후에 전기적으로 개폐되는 접점을 가진 계전기이다. 동작 시간이 늦은 한시 동작 타입, 동작과 복귀가 모두 늦은 한시 지연 타이머, 플리커 타입 및 멀티 타입 등이 있다.

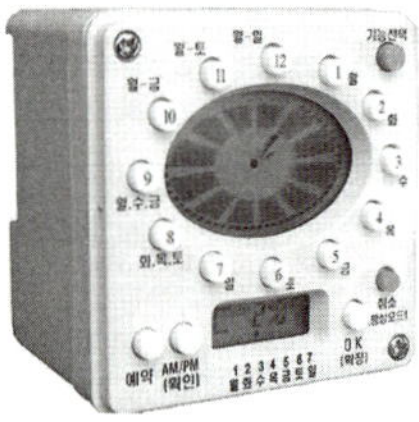

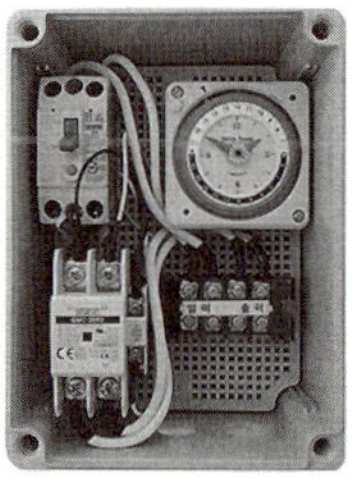

5) 전자 접촉기

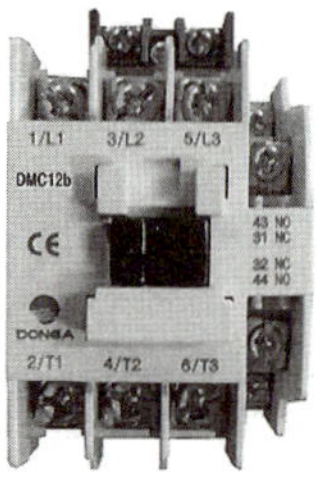

전자 접촉기(electromagnetic contactor)는 전동기기와 같이 대용량의 전기 회로를 제어하기 위해 정격 전류 또는 그 수배에 이르는 과전류를 빈번하게 개폐할 목적으로 사용되는 계전기이다.

6) 열동 계전기

열동 계전기(thermal relay)는 전류의 열 효과에 의하여 동작하는 계전기로 전동기 등에서 과전류가 흐를 경우 회로를 보호하기 위한 계전기이다. 이 계전기 동작은 열동 계전기 내의 히터가 과전류에 의해 가열되면 바이메탈에 전달되어 회로를 개로 시키며, 복귀는 인위적으로 복귀시키는 것과 전자석으로 복귀시키는 것이 있다.

표 5-3 시퀀스 제어의 기본심벌

번호	명칭	심벌 a접점	심벌 b접점	적요
1	접점(일반) 혹은 수동접점			텀블러스위치, 토글스위치와 같이 조작을 가하면 그 상태를 그대로 유지하는 접점
2	수동조작 자동복귀 접점	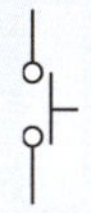	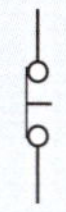	푸시버튼 스위치와 같이 손을 떼면 복귀하는 접점
3	기계적 접점	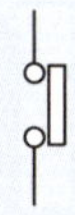	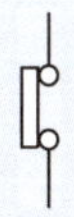	리미트 스위치와 같이 접점의 개폐가 전기적 이외의 원인에 의해서 이루어지는 것에 쓰인다.
4	조작스위치 잔류 접점	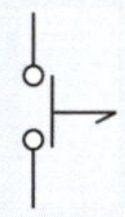	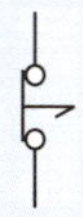	
5	계전기 접점 혹은 보조 스위치 접점	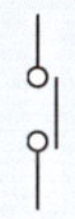		
6	한시(限詩) 동작 접점		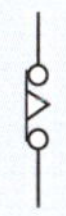	타이머와 같이 일정시간 후 동작하는 접점
7	힌시 복귀 접점			〃
8	수동 복귀 접점			열동 계전기와 같이 인위적으로 복귀시키는 것으로 전자적 복귀시키는 것도 포함된다.
9	전자 접촉기 접점	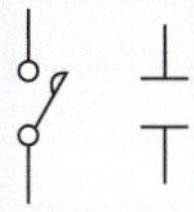	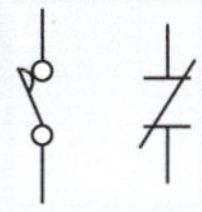	혼동될 우려가 없는 경우에는 5와 같은 심벌을 쓸 수 있다.

※ a접점 : 평상시 열려 있는 접점으로, 일명 make 접점이라고도 한다.
b접점 : 평상시 닫혀 있는 접점
토글스위치 : 손으로 좌우 또는 상하로 움직여 전기회로를 개폐하는 레버형태의 스위치
타이머 : 미리 설정한 시간에 따라 회로를 개폐하는 동작을 하는 기기

(3) 논리연산의 기본공식

시퀀스 제어를 이론적으로 취급하기 위해 부울 대수를 사용하고 있으며 이것에 의한 연산은 0과 1을 사용한다. 이것은 전기 회로의 개(開 : OFF), 폐(閉 : ON)의 상태와 같다. 이와 같은 2신호 군에서 새로운 2신호 군을 얻는 것을 논리연산(logical operation)이라 한다. 논리연산의 기본연산기호에는 논리적(AND), 논리화(OR) 및 부정(NOT)의 3종류가 있으며, 이들 3종류의 연산기호를 조합하여 사용한다.

1) 연산기호

① **논리적**(AND)

2개 또는 그 이상의 입력신호가 동시에 가해지면 출력이 나오며 다음과 같이 표현된다.

$$X \text{ AND } Y = X \cdot Y$$

② **논리화**(OR)

2개 또는 그 이상의 입력신호 중 어느 하나 또는 하나 이상이 가해지면 출력이 나오며 다음과 같이 표현한다.

$$X \text{ OR } Y = X + Y$$

③ **부정**(NOT)

입력신호가 없는 상태에서는 출력이 나오고 입력신호가 있는 상태에서는 출력이 나오지 않는 것으로 다음과 같이 표현한다.

$$\text{NOT } X = \overline{X}$$

2) 부울 대수

임의의 회로에서 일련의 기능을 수행하기 위한 가장 최적의 방법을 결정하기 위하여 이를 수식적으로 표현하는 방법을 부울 대수(boolean algebra)라 한다.

① **부울 대수 공리**

정리 1	$X+0=X$	$X \cdot 0=0$
정리 2	$X+1=1$	$X \cdot 1=X$

정리 3	$X+X=X$	$X \cdot X=X$
정리 4	$X+\overline{X}=1$	$X \cdot \overline{X}=0$
정리 5	$X+Y=Y+X$	$X \cdot Y=Y \cdot X$: 교환법칙
정리 6	$X+(Y+Z)=(X+Y)+Z$	$X(YZ)=(XY)Z$: 결합법칙
정리 7	$X(Y+Z)=XY+XZ$ $(X+Y)(Z+W)=XZ+XW+YZ+YW$: 분배법칙	
정리 8	$X+XY=X$	$X+\overline{X}Y=X+Y$: 흡수법칙

② **드모르간의 정리**

정리 9	$\overline{(X+Y)}=\overline{X} \cdot \overline{Y}$	$\overline{(X \cdot Y)}=\overline{X}+\overline{Y}$

(4) 기본 논리회로

시퀀스 제어계에서 2진신호의 동작을 논리 게이트를 조합하여 제어할 수 있다. 기본 게이트로는 AND, OR, NOT, NAND 및 NOR 등의 게이트가 주로 사용된다. 회로는 유접점인 전자 계전기나 무접점인 논리 게이트에 의해 구현된다.

1) AND 게이트

AND 게이트는 그림 5-13과 같이 입력신호 A, B가 모두 1이 될 때 출력 X가 1이 되는 게이트이며, 입력 접점이 모두 직렬로 연결되어 있다. 논리식은 A·B=X, 즉 A·B는 A and B라 한다.

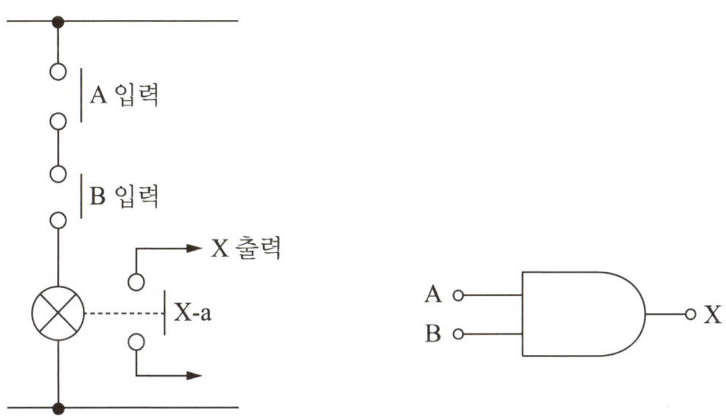

(a) AND 회로　　(b) AND 게이트

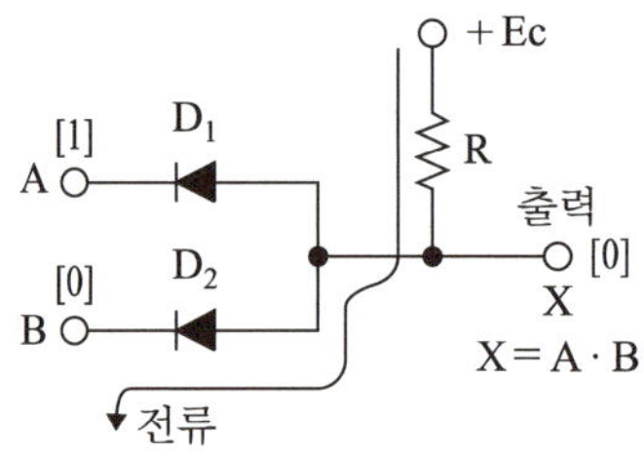

(c) 무접점 회로

표 5-4 AND 게이트의 진리표

입력신호		출력신호
A	B	X
0	0	0
1	0	0
0	1	0
1	1	1

그림 5-13 AND 게이트

2) OR 게이트

OR 게이트는 입력신호 A, B 중 어느 하나가 1이 될 때 출력 X가 1이 되는 회로이며, 입력 접점이 모두 병렬로 구성되어 있다. 논리식은 A+B=X, 즉 A+B는 A or B라 한다.

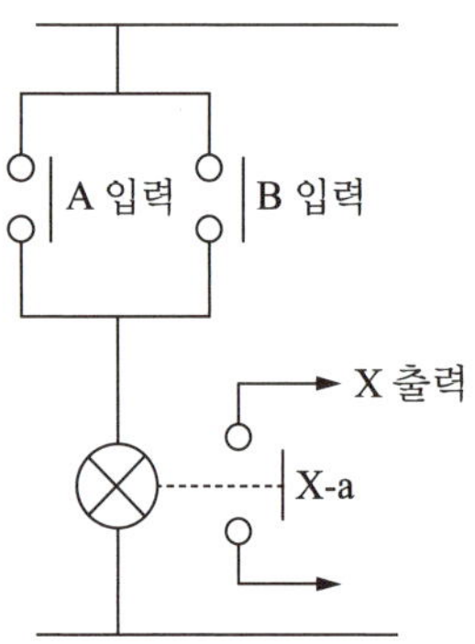

(a) OR 회로

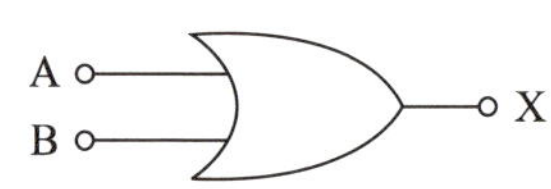

(b) OR 게이트

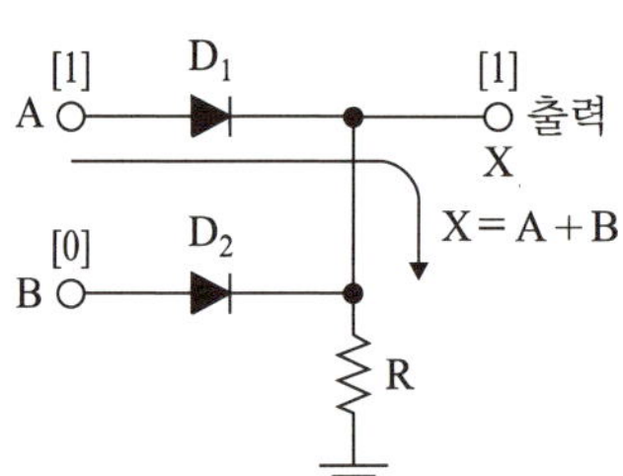

(c) 무접점 회로

표 5-5 OR 게이트의 진리표

입력신호		출력신호
A	B	X
0	0	0
1	0	1
0	1	1
1	1	1

그림 5-14 OR 회로

3) NOT 게이트

NOT 게이트는 입력신호가 1이면 출력신호가 0이 되고, 입력신호가 0이면 출력신호 X가 1이 되는 게이트이며, 입력신호에 대해 출력신호가 부정이 되어 출력이 나타난다. 논리식은 $A = \overline{X}$가 되며 “－”는 X를 부정하는 것을 의미한다.

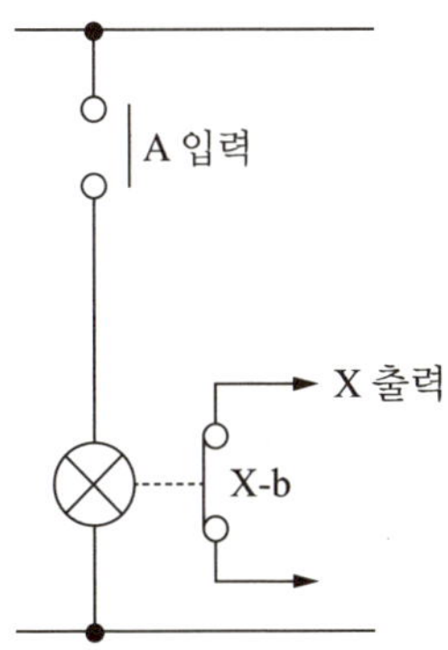

(a) NOT 회로

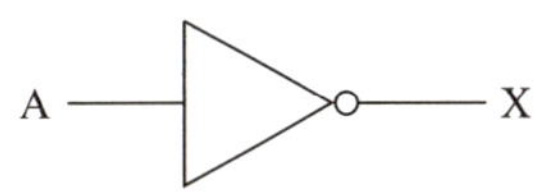

(b) NOT 게이트

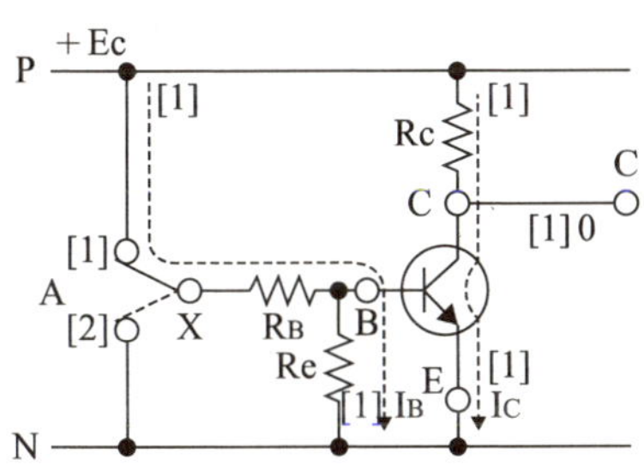

(c) 무접점 회로

표 5-6 NOT 게이트의 진리표

입력신호	출력신호
A	X
0	1
1	0

그림 5-15 NOT 게이트

4) NAND 게이트

NAND 게이트는 AND 게이트의 출력을 부정한 것으로, 입력 A, B가 1(ON)이 될 때에 출력 X는 0이 되고, A와 B 중 어느 한개 이상의 입력이 0일 때에 출력 X가 1이 되는 논리 게이트이다. 논리식은 $\overline{A \cdot B} = X$이다.

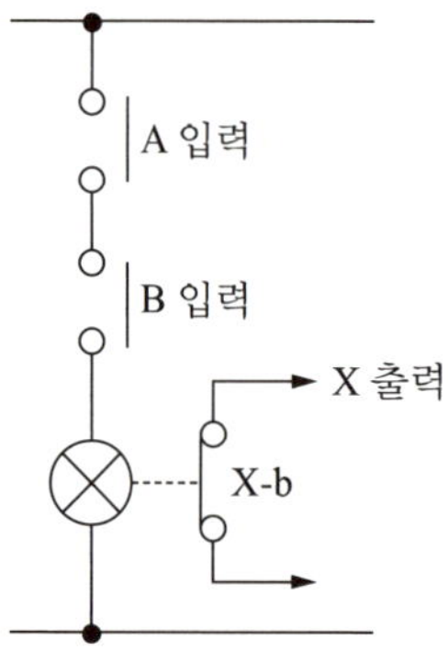

(a) NAND 회로

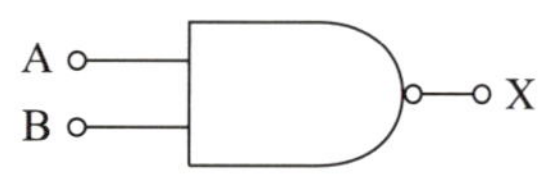

(b) NAND 게이트

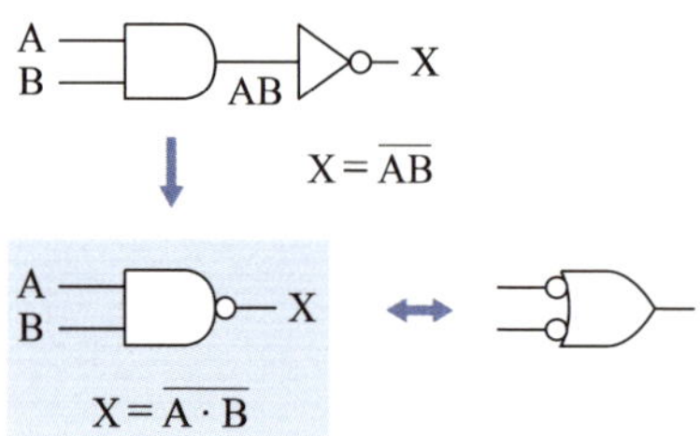

표 5-7 NAND 게이트 진리표

입력신호		출력신호
A	B	X
0	0	1
1	0	1
0	1	1
1	1	0

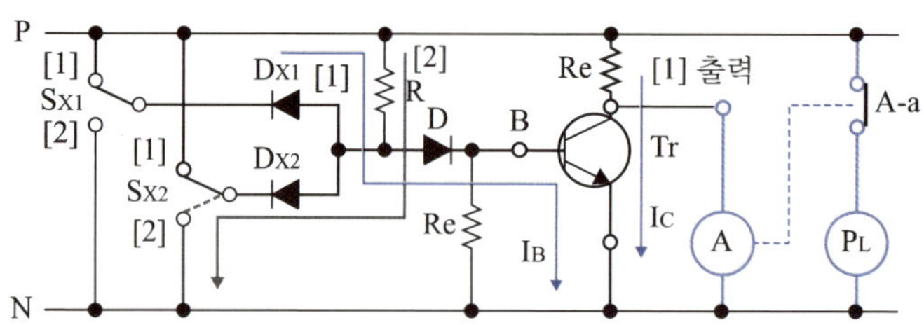

회로동작

그림 5-16 NAND 게이트

5) NOR 회로

NOR 게이트는 OR 게이트의 부정으로 입력 A와 B가 0이 될 때에 출력 X는 1이 되고, 입력 A와 B 중 어느 하나 혹은 전부가 1일 때 출력 X가 0이 되는 논리 게이트이다. 논리식은 $\overline{A+B}=X$이다.

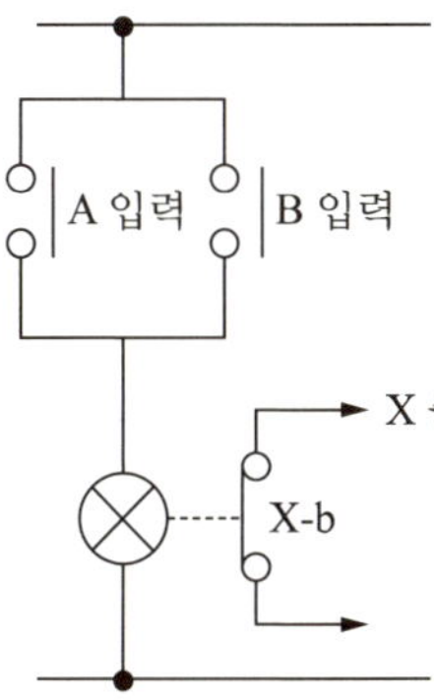

(a) NOR 회로

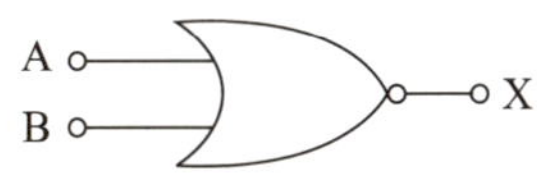

(b) NOR 게이트

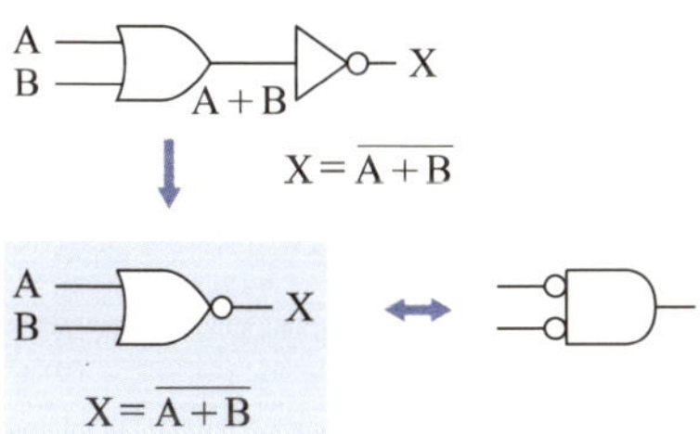

표 5-8 NOR 회로의 진리표

입력신호		출력신호
A	B	X
0	0	1
1	0	0
0	1	0
1	1	0

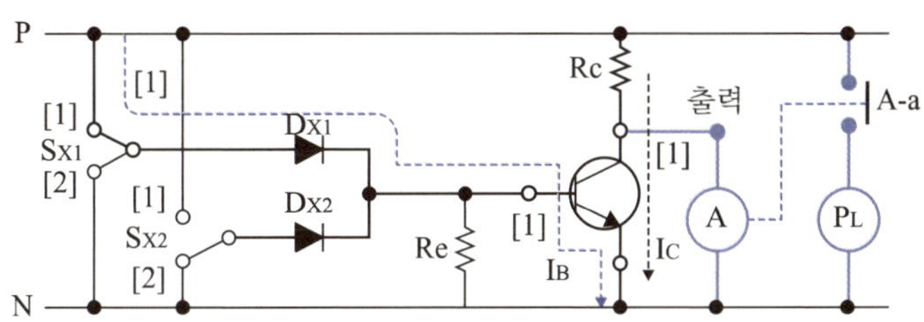

회로동작

그림 5-17 NOR 게이트

8 시퀀스 제어 실용 예

(1) 기본회로

1) 자기유지 회로

자기유지 회로는 시퀀스 제어의 전자 릴레이, 전자 접촉기, 타이머 등의 조작 회로에 대부분 들어가는 회로이다. 그림 5-18과 같이 푸시버튼 스위치 PBS_1을 누르면, 릴레이 코일이 여자되어 릴레이 접점 R이 닫힌다. 푸시버튼 스위치에서 손을 떼어도 릴레이 자체의 a접점에 의해 우회하여 램프 L이 계속 점등된다. 회로를 정지시킬 때에는 PBS_2을 누른다.

자기유지 회로는 입력신호가 소멸되어도 연속적으로 출력신호가 얻어지기 때문에 기억회로라고도 한다.

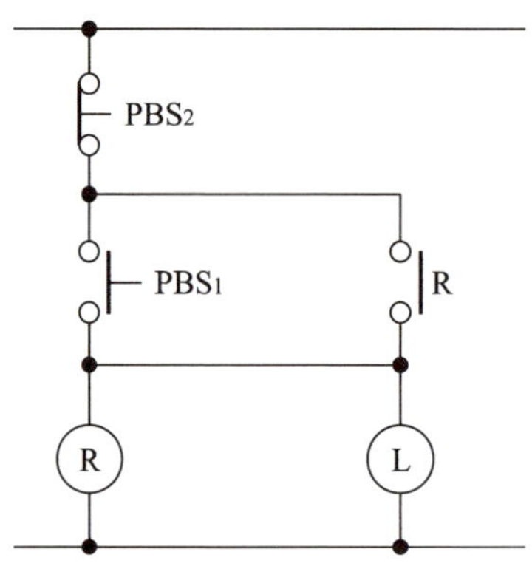

그림 5-18 자기유지 회로

2) 인터록 회로

① 두 입력신호 중 먼저 동작한 것이 있으면 다른 동작 명령을 하여도 동작하지 않는 것이 인터록(interlock) 회로이다.

② 그림 5-19에서 PB_1을 눌러서 계전기 X가 동작하면 Xb가 개로되므로 PB_2를 눌러도 Y에 전류가 흐르지 않아 릴레이 Y는 동작하지 않는다.

③ 이 회로는 기기의 보호와 조작자의 안전을 목적으로 한다.

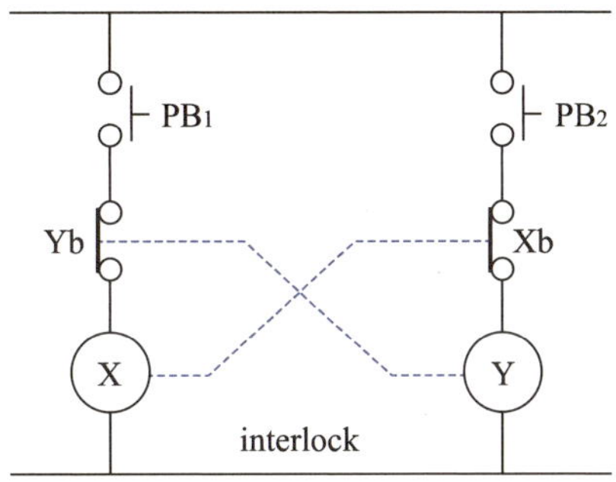

그림 5-19 인터록 회로

> **Tip**
>
> **선행우선 기억회로 = 상대동작 금지회로 = 인터록 회로**
>
> 2개의 입력 중 먼저 작동시킨 쪽의 회로가 우선으로 이루어져 기기가 작동하며, 다른 쪽에 입력이(신호가) 들어오더라도 작동하지 않는 회로이다.

(2) 시퀀스 응용 회로

1) 단상유도전동기 운전회로

자기유지 회로를 적용한 것으로서 그림 5-20의 단상유도전동기 기동회로의 동작설명은 다음과 같다.

① 배선용 차단기 MCB를 투입하여 전원을 공급한다.

② PB_on을 누르면 코일 MC에 전류가 흘러 전자 접촉기가 동작하여 주접점 MC가 ON 되어 전동기가 회전하기 시작하며, MCa가 폐로 되어 자기유지 회로가 구성된다.

③ 전동기의 회전 중 전동기를 정지시키기 위하여 PB_off를 누르면 코일 MC에 전류가 흐르지 않게 되어 전자 접촉기는 소자되며, MC가 개로 되어 전동기가 정지한다. 또한 MCa가 개로 되어 자기유지 회로가 취소된다.

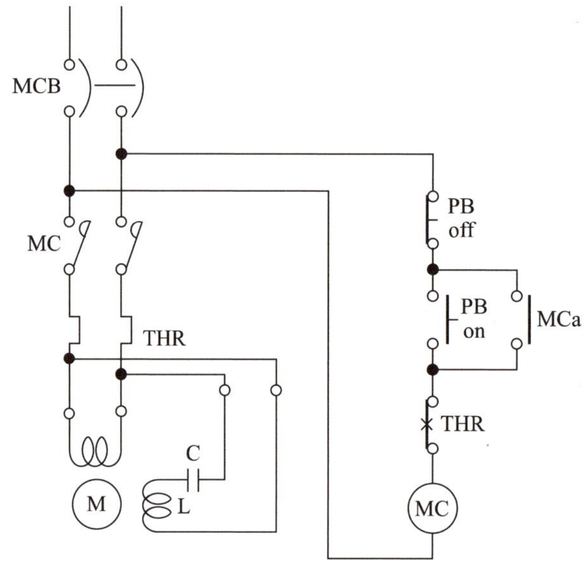

그림 5-20 단상유도전동기 운전회로

2) 3상 유도전동기 정·역 회로

3상 유도전동기의 정·역전 운전에 대해 인터록 회로를 적용한 예로 그림 5-21의 동작설명은 다음과 같다.

① 배선용차단기 MCB를 on한 후 정회전 기동용 스위치 PBF를 누르면 전동기가 정회전함과 동시에 F-b가 off되어 인터록 회로를 구성하므로, 역회전 기동용인 PBR을 눌러도 역회전 전자코일에는 전류가 흐르지 않는다.

② 정회전 운전 중 전동기를 역회전시키려면 PB_off를 눌러 F-MC를 소자시킨 후 PBR을 눌러 R-MC를 여자 시키면 된다. 이 때 PBF를 눌러도 R-b가 열려져 있으므로 정회전용 F-MC는 여자 되지 않는다. 3상 유도전동기의 회전방향을 바꾸려면 3선의 입력전원 중 2선을 바꾸어 주면 회전방향이 바꾸어진다.

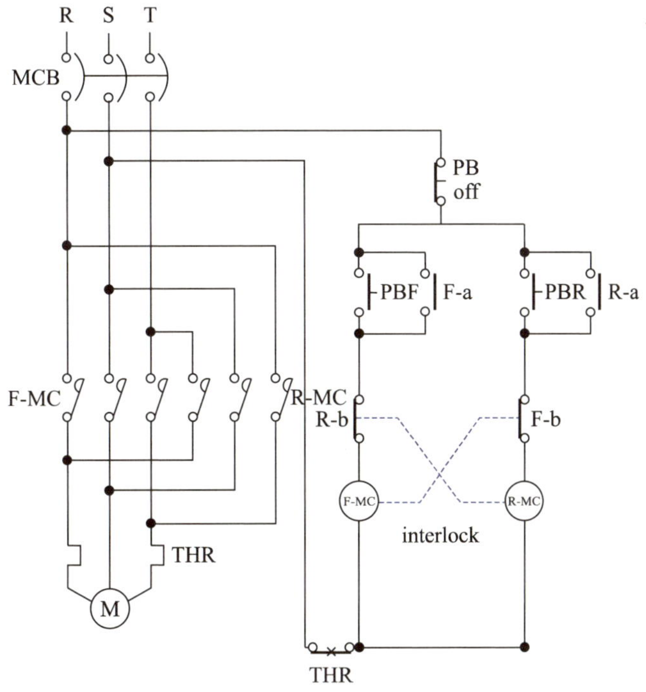

그림 5-21 3상 유도전동기 정·역 회로

3) 자동양수 제어회로

자동양수 장치는 물저장 탱크의 수위의 상한선과 하한선을 정하고 수위가 하한선까지 내려가면 양수펌프가 자동으로 동작하고, 수위가 상한선에 이르면 펌프를 정지시킨다. 그리고 수위가 하한선에 도달하여 양수펌프가 재 동작하기 전까지는 정지해 있게 된다.

양수용, 배수용 펌프 전동기의 제어회로에 액면 스위치가 많이 사용된다. 액면 스위치는 저수위에서 항상 닫혀있고 고수위가 되면 열리는 고수위 스위치 L_H와 저수위에서 닫히고 수위가 증가하면 열리는 저수위 스위치 L_L이 있다.

자동 및 수동 양수 장치 제어용 시퀀스제어의 동작은 다음과 같다.

① MCB를 on하여 3상 전원을 공급한다.

② 수동의 경우는 PB_1을 누르면 코일 MC에 전류가 흘러 주접점 MC가 닫히고, MCa가 on되어 자기유지 회로를 구성한다. 또한 자동의 경우는 수위가 저수위선에 도달하면 저수위액면 스위치 L_L이 닫히게 되어 PB_1을 눌렀을 때와 같은 원리로 기동 된다.

③ 양수펌프를 정지시킬 때는 PB_2를 눌러 수동 정지시키거나, 수위가 고수위선에 도달하면 고수위 스위치 L_H가 열리게 되어 자동으로 정지한다.

④ Ls는 저수위 미만에서 수원의 물이 줄어 양수를 할 수 없는 경우 공회전 방지를 위하여 설치한 것이다.

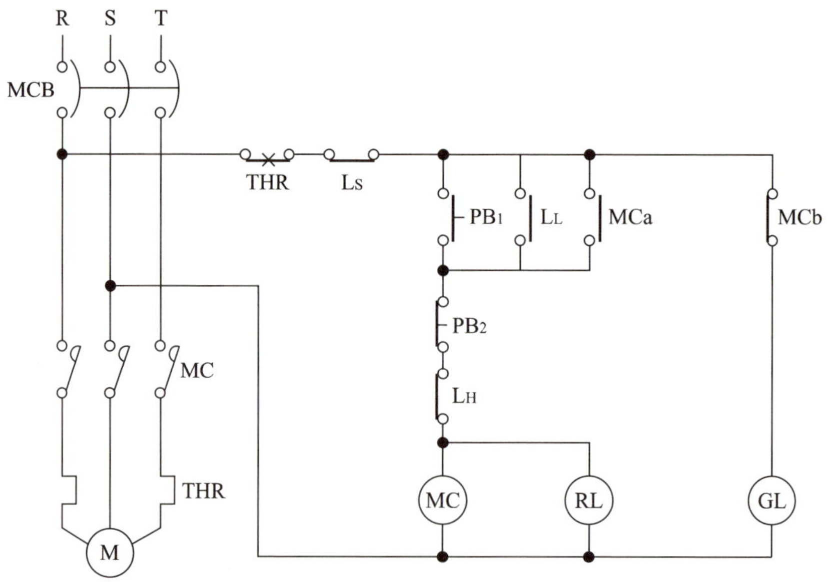

그림 5-22 자동양수펌프 시퀀스 제어회로

4) 3상 유도전동기 기동정지회로

3상 유도전동기 기동정지회로의 동작은 다음과 같다.

① MCCB를 투입하여 전원을 공급하면 정지 표시등 GL이 점등된다.

② PB_1을 누르면 전자 접촉기 MC가 여자되어 마그네트(전자 접촉기) 주접점 MC가 on되어 유도전동기 IM이 회전하고, 보조접점 MCa가 on되어 자기유지 회로가 구성되며, 보조접점 a, b에 의해 정지 표시램프 GL은 소등되고 기동표시램프 RL은 점등된다.

③ 전동기를 정지는 PB_2를 눌러 정지시키거나, 전동기에 과부하가 걸려 열동 계전기가 동작하면 코일 MC가 소자되어 전동기가 정지된다. 이때 MCCB를 off한 상태가 아니므로 정지표시등 GL이 점등되고 기동표시등 RL이 소등된다.

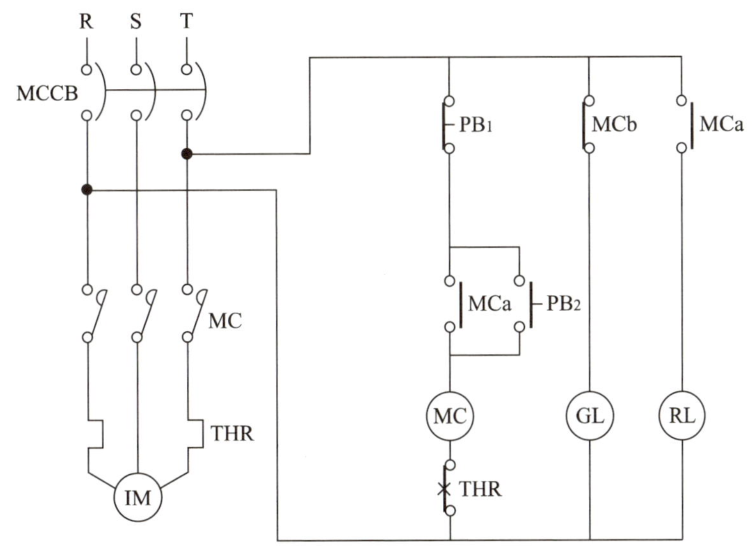

그림 5-23 3상 유도전동기 기동정지 시퀀스도

다음 그림은 3상 유도전동기를 2개소에서 on/off하는 시퀀스 제어회로이다.

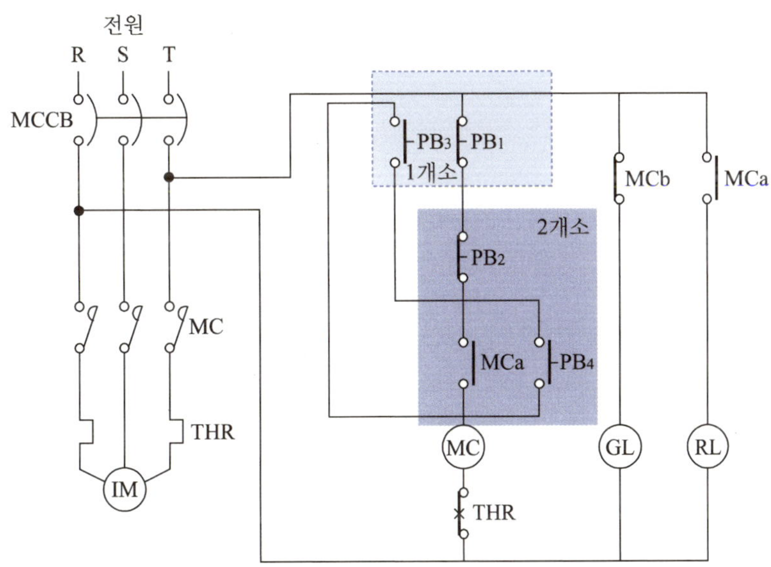

그림 5-24 전동기 기동정지 제어회로 (2개소)

5) 자동화재탐지설비의 제어회로

그림 5-25는 자동화재탐지설비의 시퀀스 제어회로이고 동작은 다음과 같다.

① 수신기의 스위치 S/W를 on하면 전원표시램프 PL이 점등된다.

② 화재가 발생하여 주위 온도가 상승되거나 연기농도가 많아지면, 감지기(D_1 및 D_2)의 접점이 폐로 되어 수신기의 주음향장치 BZ_1 및 화재 경계구역에 있는 음향장치 BZ_2가 동시에 화재경보를 발한다.

③ 화재 발생지점에 있는 사람이 화재를 발견했을 경우에는 발신기(Send) 내의 누름 스위치를 눌러 신호를 수신기로 보내고 이것에 의해 BZ_1 및 BZ_2가 화재 경보를 발한다.

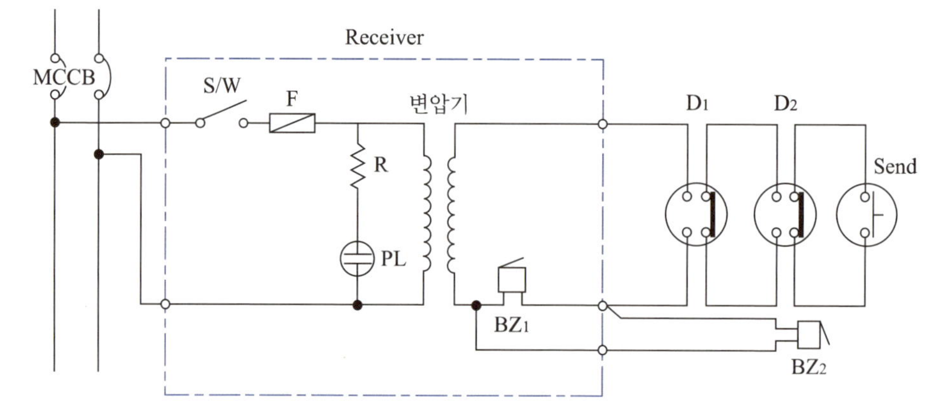

그림 5-25 자동화재탐지설비의 제어회로

6) 예비전원 자동전환 시퀀스 제어회로

상용전원의 정전시 소방 설비에 전기를 공급하기 위하여 예비전원으로 절환되고, 상용전원의 복구시 자동으로 예비전원에서 상용전원으로 전환되도록 하는 시퀀스 제어회로이다. 제어동작은 다음과 같다.

① MCCB를 투입한 후, PB_1을 누르면 MC_1이 여자되고 주접점 MC가 닫히고 상용전원에 의해 전동기 M이 회전하고 RL이 점등된다. 또한, 보조접점 MC_{1a}가 폐로 되어 자기유지 회로가 구성되고, MC_{1b}가 open되어 MC_2가 동작되지 못하도록 한다.

② 상용전원으로 운전 중 PB_3을 누르면 MC_1에 소자되어 3상 유도전동기는 정지하고, 상용전원 운전표시등 RL은 소등한다.

③ 상용전원의 정전 시 PB_2를 누르면 MC_2가 여자되어 예비전원에서 전기가 공급되어 전동기 M이 회전하고, 표시등 GL이 점등되며, 보조접점 MC_{2a}가 on 되어 자기유지 회로

를 구성하고, MC_{2b}가 open되어 MC_1에 전기가 공급되지 못하게 한다.

④ 예비전원으로 운전 중 PB_4를 누르면 MC_2가 소자되어 유도전동기는 정지하고, 예비전원 운전표시등 GL은 소등한다.

⑤ 상용전원으로 운전을 재개하려면 ①의 절차를 따른다.

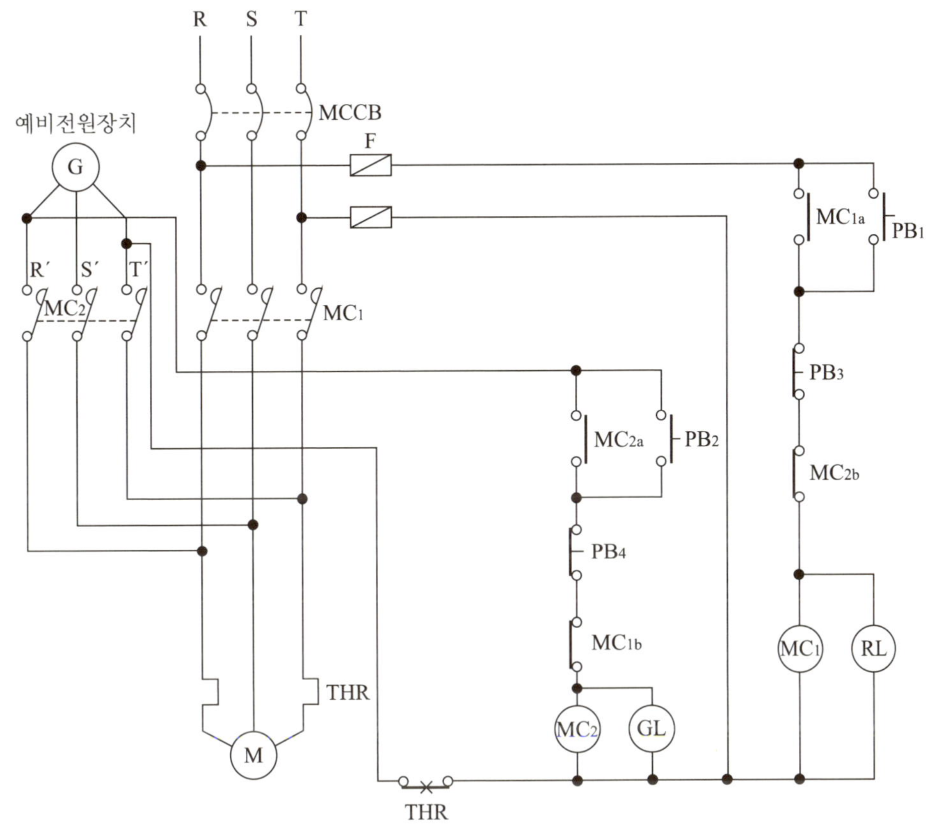

그림 5-26 상용전원 및 비상전원 자동절환 시퀀스도

7) 3상 유도전동기의 Y-Δ기동 시퀀스도

3상 유도전동의 기동전류를 작게 하기 위하여 기동 시 Y결선(임피던스가 큼)으로 하고, 운전 시 Δ델타 접속(임피던스가 작음)으로 한다. 제어동작은 다음과 같다.

① MCB를 투입하여 전원을 공급한다.

② PB_1을 누르면 코일 MCY 및 T가 여자된다. 보조접점 MCYa가 on되어 코일 MC가 여자되고, MCa가 on되어 자기유지 회로를 구성한다. 그러나 MCYb가 off되어 코일

MCD에는 전기가 공급되지 않는다.

③ 주접점 MCY 및 MC가 on되어 3상 유도전동기는 Y결선으로 기동한다.

④ 코일 T에 전기가 공급 중이므로 타이머 T의 설정시간이 지나면 한시동작 순시복귀 Tb이 개로 되면 코일 MCY가 소자되어 주접점 MCY가 열리고, 코일 MCD가 여자되어 주접점 MCD가 on되어 전동기는 Δ결선으로 운전된다.

⑤ 운전 중 PB_2를 누르거나 전동기에 과부하가 걸려 THR(열동계전기)이 작동하면 동작중인 코일 MC, MCD 및 T가 모두 소자되어 전동기는 정지한다.

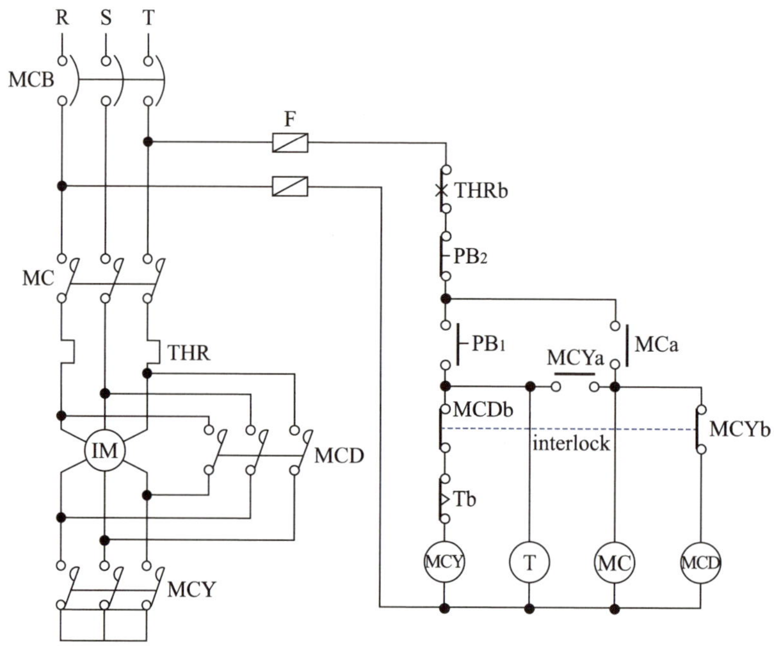

그림 5-27 3상 유도전동기의 Y-Δ 기동제어 시퀀스도

연습문제

01 온도, 유량, 압력 등의 공업 프로세스 상태량을 제어량으로 하는 제어계로서 프로세스에 가해지는 외란의 억제를 주목적으로 하는 것은?

02 제어량의 성질에 따른 자동제어계를 분류하고 그들 각각에 대해 기술하시오.

03 제어 요소는 무엇으로 구성되는가?

04 자기유지 회로에 대해 설명하시오.

05 다음의 논리식을 간단히 하시오.

① $\overline{A}+A\cdot B$

② $(A+B)(\overline{A}+C)$

③ $1+A+AB$

06 AND 게이트를 응용한 전기회로를 그리시오.

07 OR 게이트를 응용한 전기회로를 그리시오.

08 엘리베이터의 시퀀스 제어회로를 그리시오.

09 3상 유도전동기의 Y-△기동에 대해 기술하시오.

10 다음 논리회로의 출력은?

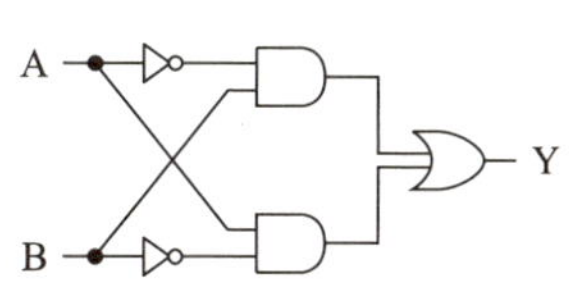

CHAPTER 06

반도체

1. 반도체
2. 다이오드
3. 트랜지스터
4. 광전도 소자
5. 집적회로

1 반도체

(1) 반도체 소자

1930년대 이전까지 물질은 전기적 성질에 따라 전류가 흐르기 쉬운 물질인 도체와 전류가 흐르기 어려운 물질인 부도체(절연체)로 구별되었으나, 1930년경 물질에는 도체와 절연체 그 어느 쪽에도 속하지 않고 양쪽의 중간 성질을 가진 반도체가 있음을 발견하였다.

물질은 전기적인 저항률에 의해 개략적으로 분류할 수 있다. 통상 금속은 전형적으로 10^{-8} [Ωm] 정도의 저항률을 갖는 도체이다. 반대로 극단적인 경우는 절연체로서 훌륭한 절연체는 $10^{10} \sim 10^{12}$[Ωm] 정도의 저항률을 갖는다. 반도체로 분류될 수 있는 물질의 종류는 원소 반도체와 금속간의 화합물 반도체 등 매우 많다. 그러나 원소 반도체인 게르마늄이나 실리콘이 가장 널리 사용되고 있다.

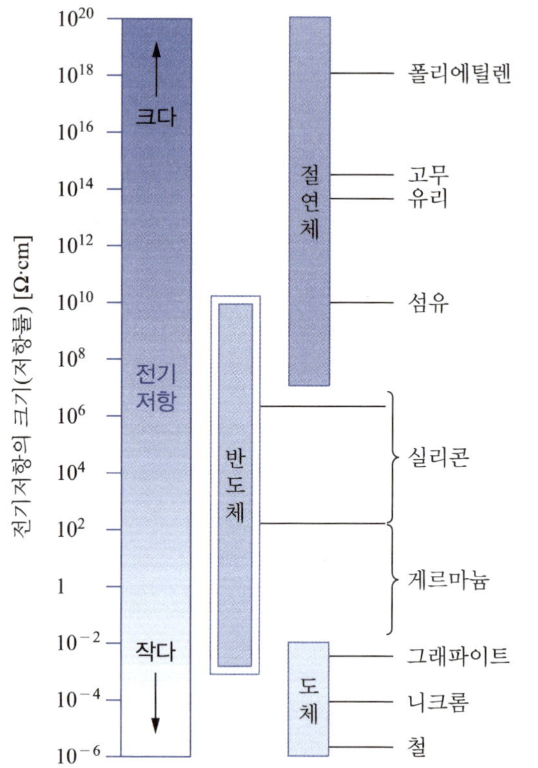

그림 6-1

표 6-1　물질의 저항률

구　분	저항률[Ωm]	종　류
도　체	$10^{-8} \sim 10^{-5}$	은, 구리, 알루미늄, 철 등
반도체	$10^{-5} \sim 10^{4}$	규소(실리콘), 게르마늄, 아산화동 등
부도체	10^{4} 이상	목재, 고무, 유리, 페놀수지, 공기 등

금속은 온도가 올라가면 저항이 커지는데 반해 반도체는 온도가 올라가면 저항이 감소하는 전기저항의 특성을 갖는다.

(2) 반도체의 종류

반도체에 불순물을 첨가하여 캐리어인 정공이나 자유전자를 많게 하면 전기 전도 특성이 좋아진다. 이러한 구조의 반도체를 불순물 반도체(impurity semiconductor)라 하며, 불순물을 첨가하는 작업을 도핑(doping)이라 한다. 반대로 불순물이 첨가되지 않은 반도체를 진성 반도체(intrinsic semiconductor)라 한다.

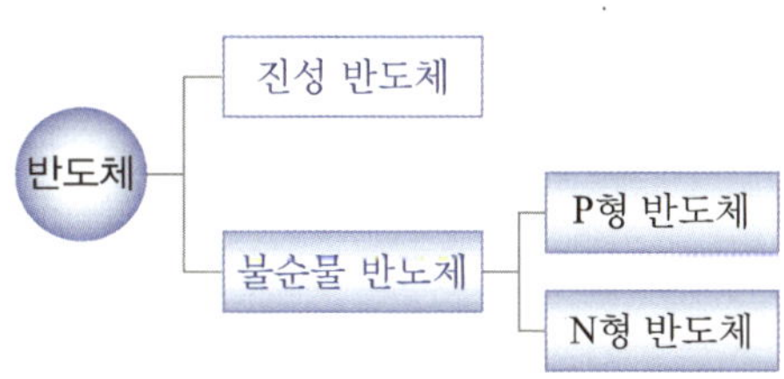

1) 진성 반도체

반도체의 전기적 성질에 아무런 영향을 미치지 못하는 극히 미소한 양의 불순물이 포함된 순도가 높은 반도체이다.

실리콘 결정의 순도는 99.999999999[%], 게르마늄은 99.999999999[%] 이상으로 순도가 매우 높다. 이와 같이 순도가 높은 반도체를 진성 반도체(intrinsic semi-conductor)라 한다. 대표적인 진성 반도체에는 실리콘(Si)과 게르마늄(Ge)이 있다.

2) 불순물 반도체

① N형 반도체

그림 6-2와 같이 안티몬(Sb)과 같은 V족의 원소를 실리콘이나 게르마늄에 약간 넣어서 반도체를 만들면 안티몬은 가전자가 5개이므로 결합에 관계가 없는 가전자 1개가 남는다. 이 가전자가 자유전자로 되기 때문에 전체 반송자는 정공 보다 자유전자가 많아진

다. 이와 같은 반도체를 N형 반도체라 한다.

이 자유전자는 전장을 가하면 전장과 반대 방향으로 이동하면서 전하를 운반하므로 전류가 흐르게 된다. 자유전자를 만들기 위해 넣은 불순물, 즉 안티몬을 도너(donor)라 한다.

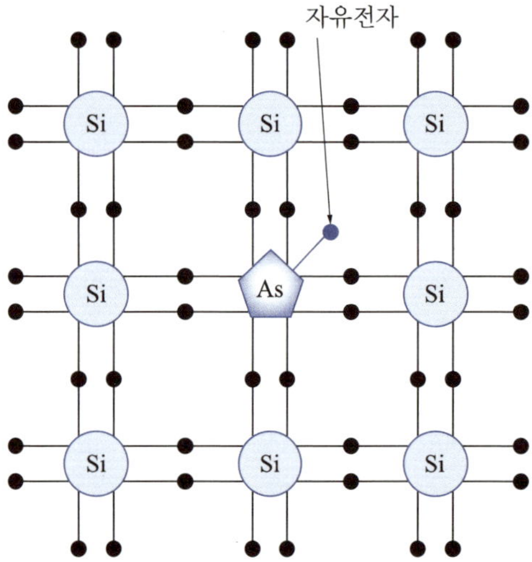

그림 6-2 N형 반도체

② P형 반도체

불순물로서 인듐(In), 갈륨(Ga), 붕소(B) 등과 같은 제III족의 원소를 게르마늄이나 실리콘에 미소량 녹여 넣어서 반도체를 만들면, 그림 6-3에서와 같이 실리콘은 가전자가 4개인데 대해서 불순물은 가전자가 3개이므로, 결합하기 위해서는 가전자 1개가 부족하다. 이 부족한 자리가 정공이 되므로 전체 반송자는 자유전자 보다 정공이 많아진다. 이와 같은 반도체를 P형 반도체라 하며, 정공을 만들기 위해 넣어준 불순물, 즉 인듐, 붕소 등을 억셉터(acceptor)라고 한다.

P형에서도 가전자대에서 전자가 전도대로 여기 되는 소수의 전자가 생기는데, P형에서는 정공을 다수 캐리어라 하고, 전자를 소수 캐리어라 한다.

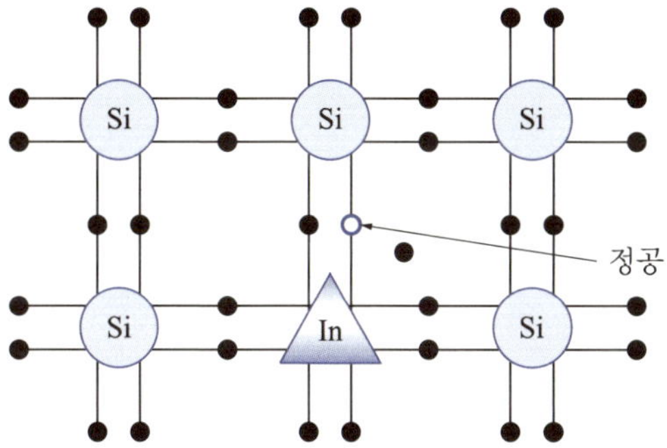

그림 6-3 P형 반도체

③ PN 접합

P형 반도체와 N형 반도체를 접합시킨 것을 PN 접합이라 한다. PN 접합을 하면 P형 반도체의 접합면 부근의 정공은 N형 반도체 쪽으로, N형 반도체의 접합면 부근의 전자는 P형 반도체 쪽으로 이동한다. 이러한 형상은 수중에 농도가 짙은 잉크를 떨어뜨렸을 때 잉크가 서서히 전체에 퍼져서 물과 혼합되는 것과 같은 현상이며, 이를 확산현상이라 한다. 따라서 접합면 부근에서 확산한 정공과 전자가 존재하지 않는 공간이 생기며 이 공간을 공핍층이라 한다. 또한 접합면 부근의 P형 반도체 원자는 확산에 의한 전자가 부가되어 음의 전하를 갖게 되고, 접합면 부근의 N형 반도체 원자는 확산에 의한 정공이 부가되어 양의 전하를 갖게 된다. 그 결과, P형 반도체 부분에는 음의 전하가, N형 반도체 부분에는 양의 전하가 나타난다. 이 전하에 의한 전위차를 전위장벽이라 한다.

그림 6-4는 PN형 접합에서의 공핍층을 나타낸다.

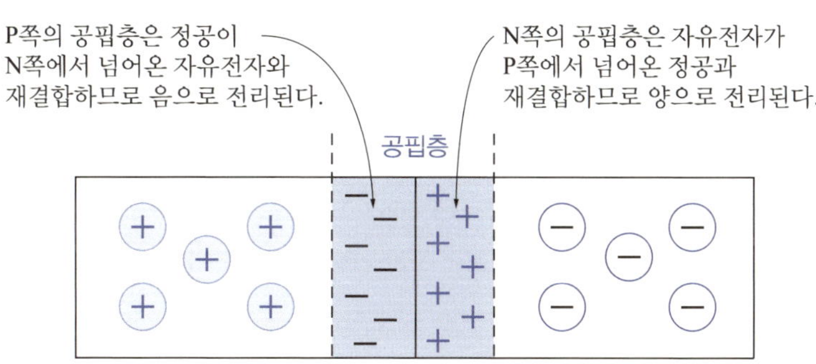

그림 6-4 PN 접합

2 다이오드

다이오드의 어원은 di-electron으로 일반적으로 반도체 2단자 소자라 한다. 다이오드라 부르고 있는 것의 대표적인 것이 P형 반도체와 N형 반도체를 접합하여 만든 PN 접합 다이오드다. 다이오드는 전류를 한 쪽 방향으로 흐르게 하는 성질이 있으며 교류를 직류로 변환시키는 정류작용, 검파작용 등 널리 이용되고 있다.

(1) PN 접합 다이오드

PN 접합 다이오드는 실리콘 또는 게르마늄의 단결정 속에서 결정을 성장시켜 P형 반도체 부분과 N형 반도체 부분이 접합하도록 만들어 각 반도체 부분에 리드선을 붙인 구조이다. P형 쪽을 애노드(양극, 기호 A), N형 쪽을 캐소드(음극, 기호 K)라 부른다.

단순한 반도체 그 자체는 전기회로 구성에 유용한 특성을 지니지 못하나 P형 반도체와 N형 반도체가 만나 PN 접합을 형성하게 되면 많은 유용한 특성이 생겨난다. PN 접합은 회로요소에 폭넓게 사용되는 반도체 다이오드의 핵심이 된다. PN 접합은 연속적으로 P층에서 N층으로 변해가는 구조를 이룬다.

그림 6-4는 이상화한 PN 접합을 나타내고 있는데 P부분에는 양전하 운반자, 즉 정공이 지배적이고, N부분에는 자유전자가 지배적이다.

PN 접합이 되면 P형의 정공은 N형의 영역으로 흐르고 자유전자는 N형에서 P형 영역으로 흐른다. 접합면의 P형 영역에서 정공이 유출하면, 정(+)전하가 흘러 나간 것이 되므로 이 P형 영역은 부(−)전하가 바뀌게 되고, N형 영역은 자유 전자가 흘러 나가므로 양(+)로 바뀌게 된다.

따라서 P형과 N형의 접합부문에서는 자유전자와 정공이 결핍한 영역이 생긴다. 이 영역에서는 자유전자와 정공의 이동을 저지하기 때문에 P형 영역과 N형 영역의 캐리어는 균형을 이룬 상태로 된다.

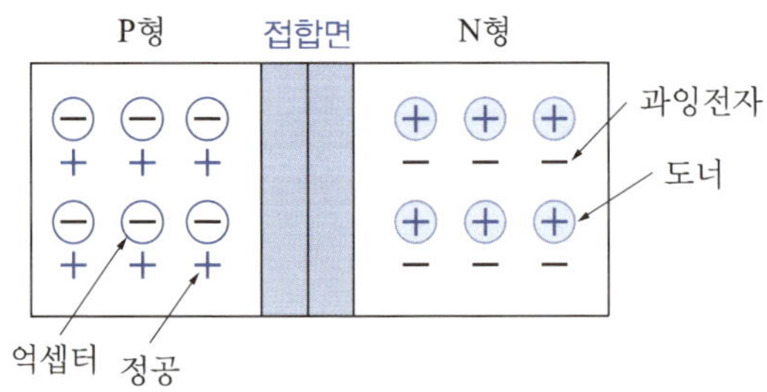

그림 6-5 PN 접합 다이오드

이 전계가 생긴 부문은 캐리어를 잃었기 때문에 공핍층 또는 공핍영역(depletion region)이라 부르고, 이 영역의 크기는 P형과 N형의 농도에 따라 결정된다.

현재 정류작용으로 사용되는 것의 대부분은 PN 접합 다이오드이다.

(2) 제너 다이오드

일정한 전압을 유지시키는데 사용되는 다이오드로 역방향 전압을 가하면 일정 범위에서 전압값을 일정하게 유지하는 성질을 이용한 것이다.

제너 다이오드는 순방향 바이어스에서는 종래의 다이오드처럼 동작한다. 그러나 그림 6-6에서와 같이 역방향 바이어스가 항복 전압을 넘으면 전류가 급격히 증가하며, 제너 다이오드 양단의 전압은 거의 일정한 전압 $-V_z$를 유지한다. 따라서 이 전압을 기준 전압에 사용할 수 있으며 제조과정에서 불순물의 농도를 조절하여 항복 전압을 1.8[V]에서 200[V] 정도까지 얻을 수 있다.

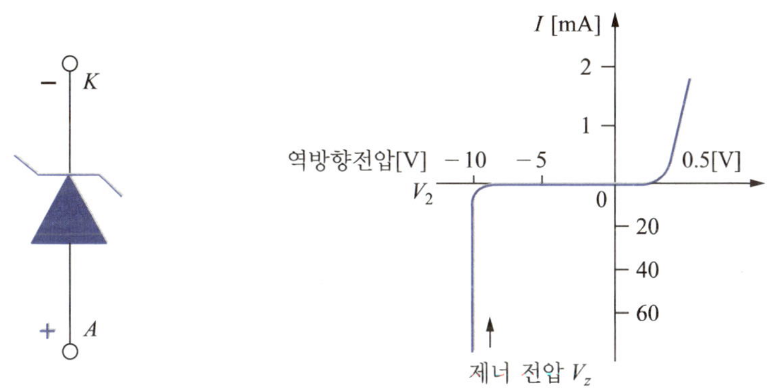

(a) 기호 (b) 특성

그림 6-6 제너 다이오드

(3) 터널 다이오드

터널 다이오드(tunnel diode)는 1959년 터널효과를 이용한 것으로 P형과 N형 반도체 양쪽을 고농도로 불순물을 주입하면 전자와 정공이 서로 전위장벽을 관통하여 상대 쪽으로 넘어가는 터널 효과가 생긴다. 터널 다이오드는 전압 - 전류 특성의 특정한 부분에서 마이너스 저항값을 가지므로 고속스위칭 회로와 논리회로 등 많은 곳에 응용된다.

(4) 바리스터 다이오드

바리스터(varistor)라는 것은 Voltage variable resistor의 약자이며, 인가전압에 의해서 저항값이 바뀌는 다이오드를 말한다.

다이오드 2개를 역방향으로 접속해 놓은 것으로 과대입력으로부터 회로를 보호하는 기능이 있다.

(5) 발광 다이오드(LED)

발광 다이오드는 LED(Light Emitting Diode)라고도 부르며, PN 접합한 다이오드에 순방향 전압을 가하여 순방향의 전류가 흐르면 발광하는 다이오드이다. 즉, 전기에너지를 빛에너지로 변환하는 소자이다.

발광하는 색은 반도체의 재료에 따라 적색, 녹색, 황색, 청색 등이 있으며 하나의 램프로 2가지나 3가지 색을 내는 발광 다이오드도 만들 수 있다. 이러한 발광 다이오드는 여러 개를 조합하여 디지털시계, 전광판과 같은 표시장치를 만들 수 있다.

전구 대비 발광 다이오드의 장점

① 응답속도가 빠르다.
② 수명이 길다.
③ 진동에 강하다.
④ 발열량, 전력손실이 작다.

(6) 가변 다이오드

PN 접합에 역방향 바이어스를 걸면 결핍영역이 넓어진다. 결핍영역은 캐리어가 없는 부분으로 절연체와 같다. 따라서 다이오드는 절연체를 사이에 둔 콘덴서와 같다. 이 콘덴서의 용량은 걸어주는 역방향 전압에 의해 변화하므로 유용하게 사용할 수 있으며, TV, Radio의 동조회로 등에 이용된다.

3 트랜지스터

트랜지스터(transistor)는 신호를 전송(transfer)과 저항(resistor)을 합성한 것으로 1948년에 미국 벨 연구소의 바딘, 브라테인, 쇼클리에 의해 개발되어 오늘날의 전자산업, 컴퓨터 및 정보통신 기술의 발달을 가능하게 하였다.

현재, 트랜지스터의 제조 기술이 발전하여 더욱 작고 복잡한 회로를 집적한 집적회로인 IC(Integrated Circuit), SSI(Small Scale IC), MSI(Medium Scale IC), LSI(Large Scale IC), VLSI(Very Large Scale IC), ULSI(Ultra Large Scale IC)로 진보하여 왔다.

(1) 트랜지스터의 구조

트랜지스터는 P형과 N형 반도체를 3개 층으로 접합한 것으로 이 3개의 반도체 층을 베이스(Base), 이미터(Emitter) 및 컬렉터(Collector)라 한다.

일반적으로 베이스는 B, 이미터는 E, 컬렉터는 C의 기호로 표시한다.

트랜지스터는 기본적으로 PNP형과 NPN형의 2가지가 있다. PNP형은 두 개의 P형 반도체와 그 사이의 얇은 N형 반도체로 구성되며, NPN형은 두 개의 N형 반도체와 그 사이에 얇은 P형 반도체로 이루어진다.

이미터와 베이스 사이의 PN 접합을 베이스-이미터 접합{base-emitter(BE) junction}이라 하며, 베이스와 컬렉터 사이의 PN 접합은 베이스-컬렉터 접합{base collector(BC) junction}이라 부른다. 트랜지스터의 기호에서 전류의 방향은 이미터에 표시하며 화살표의 방향이 전류의 방향을 나타낸다.

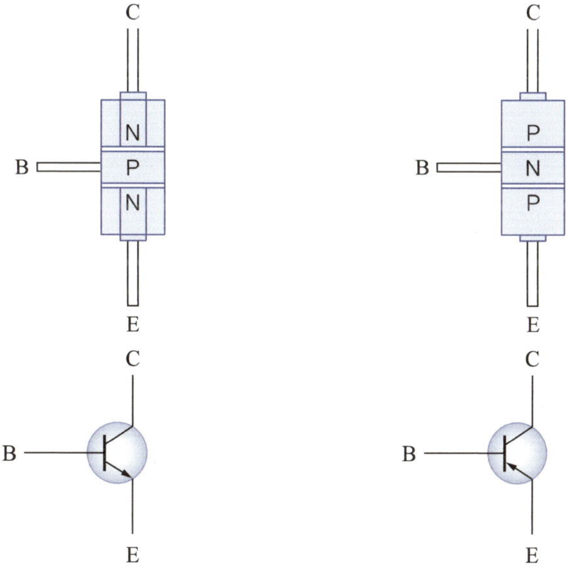

(a) NPN 구조　　(b) PNP 구조

그림 6-7 트랜지스터의 구조와 기호

(2) 트랜지스터의 기능

트랜지스터는 주로 증폭기능 및 스위칭기능을 갖는다.

전류증폭정수는 다음과 같다.

$$\alpha = \frac{\beta}{1+\beta}, \qquad \beta = \frac{I_C}{I_B}$$

여기서, α : 베이스 접지 시 전류증폭정수
β : 이미터 접지 시 전류증폭정수
I_C : 컬렉터 전류
I_B : 베이스 전류

4 광전도 소자

(1) 광전도 현상

반도체 표면에 빛을 비춰주면 표면의 저항이 낮아져 전류가 흐르게 되는데 이러한 특성을 광전도 현상이라 한다.

(2) 광전도 소자의 특성

1) 포토(Photo) 트랜지스터

PN 또는 NPN 접합부에 빛을 조사하면 빛에너지가 전기에너지로 변환되어 전류가 흐르는 원리를 이용한 소자로 적외선 통신, 적외선 검출에 사용된다.

2) 태양전지(Solar Cell)

태양에너지를 전기에너지로 변환할 목적으로 제작된 광전지이다. 반도체의 재료로는 실리콘·인화인듐·황화카드뮴 또는 이들의 복합물이 있으나 일반적으로 실리콘을 많이 사용한다. 광전식 연기감지기, 카메라의 자동조리개 등에 사용된다.

5 집적회로

집적회로(IC : Integrated Circuit)는 1958년 텍사스 인스트루먼트(IT)사의 킬비와 페어차일드사의 노이스에 의해 공동 발명되었다.

집적회로는 하나의 실리콘(Si) 칩(chip)에 트랜지스터, 다이오드, 저항, 커패시터 등 여러 가지 전자 부품을 고밀도로 집적하여 만든 것이다.

신뢰도가 매우 높고 대량생산이 가능하여 전자계산기, 전자회로, 방재실의 수신기기판 등에 응용된다.

반도체 제조 기술의 진보로 보다 많은 소자를 칩상으로 만들어 IC화함으로써 전자기기의 소형화, 고기능화, 고성능화 되어가고 있다.

앞으로도 반도체 산업은 홈 오토메이션에서 우주 항공 산업에 이르기까지 전 분야에 주역이 될 것이다.

(1) 집적회로의 분류

집적회로는 여러 가지 방법에 의해 분류할 수 있다.

표 6-2는 집적회로를 집적도, 기능면, 구성면에 따라 분류한 것이다.

표 6-2 집적회로의 분류

분류	분류 형태	특 징
집적도	SSI(small scale integration)	하나의 칩에 100 미만의 소자로 구성
	MSI(medium scale integration)	하나의 칩에 100~1,000 미만의 소자로 구성
	LSI(large scale integration)	하나의 칩에 1,000~10만 미만의 소자로 구성
	VLSI(very large scale integration)	하나의 칩에 10만~1,000만 미만의 소자로 구성
	ULSI(ultra large scale integration)	하나의 칩에 1,000만 이상의 소자로 구성
기능	디지털 IC	논리 회로의 기능을 가진 IC
	아날로그 IC	증폭 회로의 기능을 가진 IC
구성	바이폴러 IC	npn형 트랜지스터가 주로 구성 요소로 된 IC
	MOS IC	MOS FET가 주요 구성 요소로 된 IC

(2) 집적회로의 장·단점

1) 집적회로의 장점

① 소형, 경량이다.
② 대량 생산할 수 있어 가격이 싸다.
③ 고장이 적다.
④ 소비전력이 적다.
⑤ 내구성이 강하다.

2) 집적회로의 단점

① 열에 약하다.
② 용량이 큰 콘덴서는 IC화가 곤란하다.

(3) LSI와 VLSI

LSI를 대규모 집적회로라 한다. 1,000~10만 개 정도의 소자가 칩상에 집적되어 있다. 주로 계산기용, 마이크로컴퓨터 및 마이크로프로세서 등에 사용된다.

VLSI를 초대규모 집적회로라 하며, 소자의 수가 10만~1000만 개 정도다.

VLSI는 주로 IC 메모리 등의 기억회로나 고성능 마이크로프로세서 등에 사용된다.

반도체 제조기술이나 미세 가공기술의 진보에 따라 고집적화가 진행되어 4M 비트 DRAM에는 약 500만 개의 트랜지스터가 면적 10~100[mm^2] 정도의 칩상에 집적되어 있다. 더욱이 16M 비트 DRAM에는 수천만 개 이상의 트랜지스터가 집적된다. 이것을 ULSI(초초대규모 집적회로)라 한다. 특정용도를 위한 IC로서 사용자가 제조회사에 주문하여 제작하는 LSI를 ASIC(Application specific IC)라 한다.

사용자가 다양하므로 범용의 IC로는 조합할 수 없는 LSI나 독자기능을 부가한 LSI 등을 개발할 목적으로 사용되고 있다. 주로 컴퓨터, 통신기기, 계측기기, OA기기, 가전제품 등에 사용된다.

CHAPTER 07

전기기기

1. 직류 전동기
2. 변압기
3. 유도 전동기
4. 동기전동기

1 직류 전동기

(1) 직류 전동기의 원리

전동기는 전기에너지를 기계에너지로 변환하는 회전기이다. 전동기를 움직이게 하는 힘의 근원은 자기력 상호간에 작용하는 인력과 척력이다. 자기장 내에 1개의 도체를 놓고 전류를 흘리면 플레밍의 왼손법칙에 의한 전자력이 발생한다. 이 때, 전자력의 크기는 다음과 같다.

$$F = BIl\,[\mathrm{N}]$$

여기서, B : 자속밀도[Wb/m²]
I : 전류[A]
l : 도체의 길이

또한, 도체를 N개 묶으면 전자력의 크기는 N배 만큼 증가된다.

(2) 직류 전동기의 구조

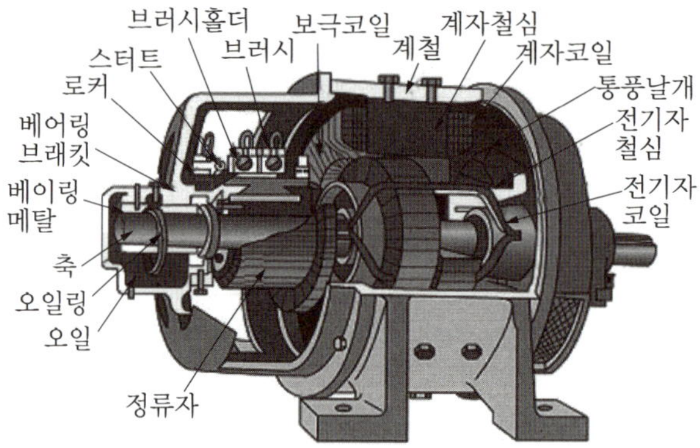

그림 7-1 직류 전동기 구조

1) 전기자

전기자(Armature)는 전기자 철심, 전기자 권선으로 되어 있으며, 원동기로 회전시켜 자속을 끊어서 기전력을 유도하는 부분이다. 자기회로를 만드는 전기자 철심과 전류가 흐름으로써 회전력을 발생시키는 전기자 권선으로 되어 있다. 전기자 철심은 0.35~0.5[mm]의 얇은 규소강판을 성층하여 만들고, 전기자 권선은 회전으로 인한 원심력 때문에 홈(slot)에서 튀어나오는 것을 막기 위하여 단단한 쐐기를 끼워 고정하거나 또는 바인드선으로 전기자 둘레를 감는다. 이때, 코일이 슬롯에 들어가는 부분을 코일변(coil side)이라 하고, 슬롯 바깥 부분에 있는 것을 코일단(coil end)이라고 한다.

2) 계자

계자(field magnet)는 계자권선, 계자철심, 자극편으로 구성되며 전기자와 쇄교하는 자속을 만드는 부분이다.

3) 정류자

정류자(commutator)는 직류 발전기나 직류 전동기에서 교류를 직류로 바꾸어 주는 부분이다. 브러시와의 마찰로 온도가 높고 마모도 심하므로 기계적으로나 전기적으로 충분히 튼튼히 만들어야 한다.

4) 브러시

정류자 면에 접촉하여 전기자권선과 외부회로를 연결하는 부분으로, 접촉저항이 적당하고 마모성이 적으면서 정류자 편을 손상시키지 않아야 한다.

소형 전동기는 탄소 브러시, 대전류 기기는 금속 흑연 브러시가 많이 사용된다.

(3) 직류 전동기의 종류

직류 전동기는 계자 권선과 전기자 권선의 접속방식에 따라 크게 타여자 전동기(separately excited motor)와 자여자 전동기(self excited motor)로 나누며, 자여자 방식은 직권, 분권, 그리고 복권으로 분류된다.

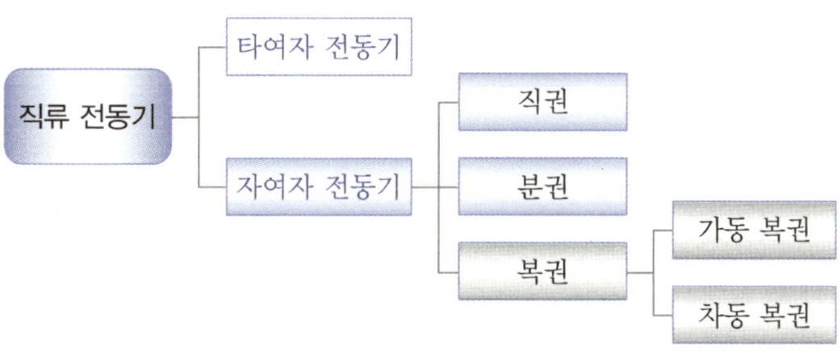

1) 타여자 전동기

타여자 전동기(separate excitation motor)는 그림 7-2와 같이 계자 권선과 전기자 권선에 다른 전원을 연결하는 방식이다. 부하의 증감에 관계없이 일정한 속도로 회전하며, 속도를 광범위하게 조정할 수 있으므로 압연기나 엘리베이터 등에 사용된다.

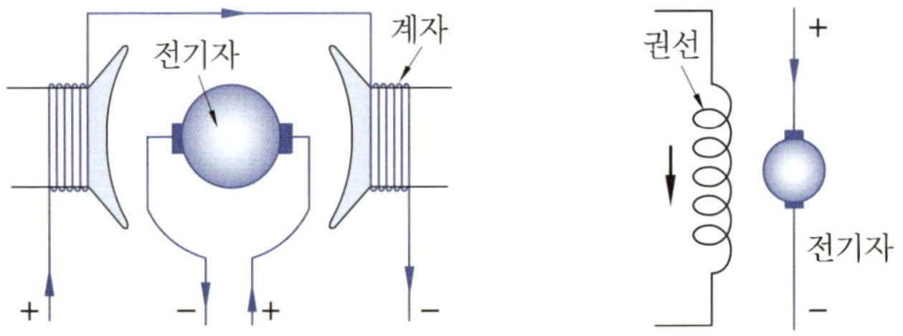

그림 7-2 타여자 전동기

2) 자여자 전동기

① **분권 전동기**

분권 전동기(shunt motor)는 그림 7-3과 같이 계자 권선을 전기자 권선과 병렬로 연결한 구조이다. 타여자 전동기와 같이 일정한 속도를 유지하는 정속도 전동기로서 계자 저항기로 쉽게 회전속도를 조정할 수 있으므로, 공작 기계나 압연기 등에 쓰인다.

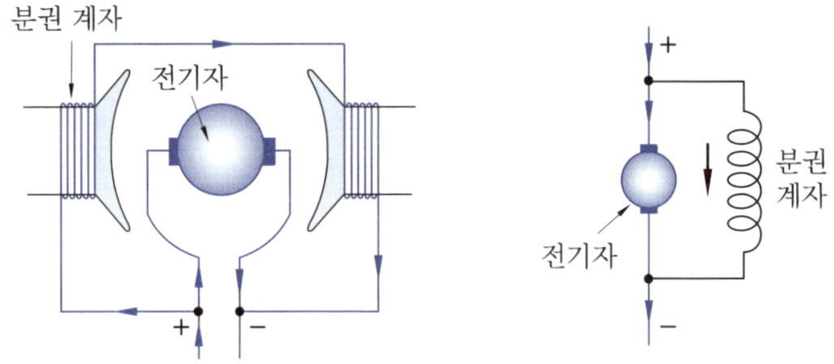

그림 7-3 분권 전동기

② **직권 전동기**

직권 전동기는 부하가 증가함에 따라 현저하게 속도가 감소하는 가변속도 전동기(variable speed motor)로서 부하가 감소하면 갑자기 속도가 상승하고, 무부하가 되면 대단히 빠른 속도가 되기 때문에 위험하게 된다. 따라서, 직권 전동기는 무부하운전이나 벨트운전을 해서는 안 된다. 반면, 직권 전동기는 기동 시 토크가 큰 것이 특징이므로 전동차나 크레인과 같이 기동토크가 큰 것을 요구하는 것에 적합하다.

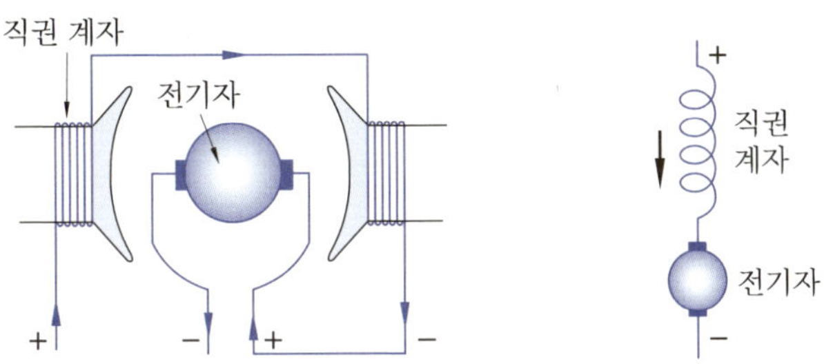

그림 7-4 직권 전동기

③ **복권 전동기**

복권 전동기(compound motor)는 직권과 분권을 조합한 형태이다. 2개의 계자 권선이 전기자 권선과 직렬 및 병렬로 연결된 구조이다. 분권 전동기와 직권 전동기의 중간특성을 가진 직류 전동기로서 분권 전동기보다는 토크가 크고, 무부하가 되어도 직권 전동기와 같은 위험속도가 되지 않기 때문에 크레인, 엘리베이터, 공작기계, 공기 압축기 등의 운전에 적합하다.

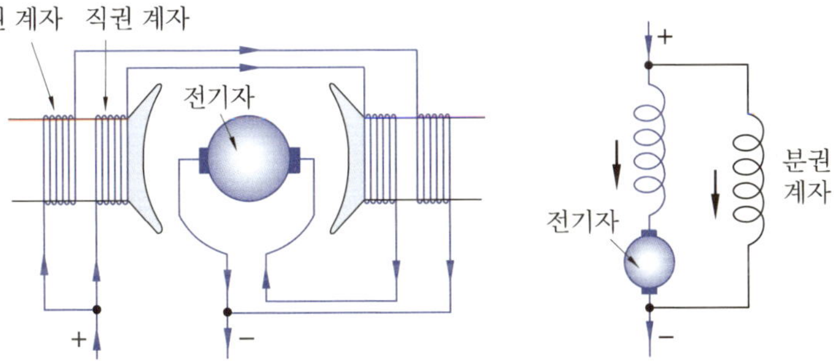

그림 7-5 복권 전동기

(4) 직류 전동기의 이용

1) 기동

정지 상태의 전동기를 운전시키는 것을 기동이라 한다. 일반적으로 기동 전류는 1[kW] 이하의 소형에서는 정격 기동의 7～10배, 1[kW] 이상에서는 2～5배 정도까지 허용한다.

기동할 때 소형 전동기는 직입 기동을 사용하나 1[kW] 이상의 전동기는 기동 전류를 적절히 제어하는 방법을 강구하여야 한다.

2) 속도 제어

직류 전동기의 속도를 제어하려면 전기자 저항, 자속, 단자 전압을 변화시키면 된다.

① **계자 제어방식**

계자 전류의 크기를 변화시키면 자속이 변화하게 되는데, 이와 같은 방법으로 속도를 제어한다. 정출력, 정속도 특성을 가지나 응답성이 나쁘다. 주로 복권 전동기나 분권 전동기에서 사용한다.

② **저항 제어방식**

전기자 권선의 저항을 변화시키는 방법이다. 정토크 특성을 나타내지만, 속도 변동이 크고 효율이 나쁘다. 주로 직권 전동기에서 사용한다.

③ **전압 제어법**

전압 제어법은 전기자에 인가되는 단자전압 V를 변화시켜 속도를 제어하는 방법으로, 정토크, 정속도 특성을 가지며, 속응성이 양호하다. 주로 타여자 전동기의 속도제어에 많이 이용된다.

3) 제동

전동기의 회전을 정지시키는 것을 제동(braking)이라고 한다. 제동방법에는 기계적인 제동과 전기적인 제동이 있다.

기계적인 제동법에는 전자 브레이크, 수동 브레이크, 유압 브레이크, 공기 브레이크 등의 마찰 제동방법이 있고, 전기적인 제동법에는 발전 제동, 역상 제동, 회생 제동 등이 있다.

① **역상 제동**

전기자 회로의 극성을 반대로 접속하여 그 때 발생하는 역토크를 이용하여 전동기를 급제동시키는 방식이다.

② **발전 제동**

전동기 전기자 회로를 전원에서 차단하는 동시에 계속 회전하고 있는 전동기로 발전기를 동작시켜 이때 발생되는 전기자의 역기전력을 전기자에 병렬로 접속된 외부 저항에서 열로 소비하여 제동하는 방식을 발전 제동이라 한다.

③ **회생 제동**

전동기가 가지는 운동에너지를 전기에너지로 변환시켜 전력을 회생시킴과 동시에 제동하는 방법이다. 전기기관차 등에서 사용된다.

4) 용도

생활 주변에서 쉽게 볼 수 있는 직류 전동기는 전동 공구, 면도기 등의 가전 용품이나 완구 등이 있다. 산업용으로 사용되는 직류 전동기의 종류는 다음 표 7-1과 같다.

표 7-1 직류 전동기 종류

종 류	특 성	용 도
분권 전동기	정속도, 정토크, 정출력	펌프, 인쇄기, 권상기, 압연기
직권 전동기	변속도, 높은 기동토크	기중기, 전차용 전동기, 권상기
복권 전동기	정속도, 높은 기동토크	절단기, 분쇄기, 컨베이어

(5) 특수 직류기

1) 서보 전동기

서보 전동기(servomotor)는 제어 전동기라고도 한다. 피드백 시스템을 사용하여 속도 및 위치 등을 세밀하게 제어하는 전동기이다.

서보 전동기는 기동, 정지, 제동, 정회전, 역회전이 연속으로 이루어지는 제어에 적합하도록 설계, 제작된 전동기이다.

서보 전동기는 직류 서보 전동기와 교류 서보 전동기가 있는데, 최근에는 교류 서보 전동기를 많이 사용한다. 공장 자동화(Factory Automation : FA) 분야에서는 로봇, 공작기계, 레이더 견인 시스템에 이용되고, 사무 자동화(Office Automation : OA) 분야에서는 프린터, 복사기 등에 이용된다.

2) 직류 스테핑 전동기

직류 스테핑 전동기(DC stepping motor)는 스텝 모터, 펄스 모터라고도 부르며, 펄스에 대응하여 회전한다.

즉, 입력 펄스의 수에 비례하여 규정된 각도만큼씩 회전하는 전동기로 공장 자동화, 사무 자동화 등의 구동 장치로 이용된다.

2 변압기

가정이나 공장에 공급되는 전원은 교류이다. 전력은 전압과 전류의 곱으로 나타낸다. 그러므로 같은 전력을 전송할 때 전압을 크게 하면 전류는 적어진다.

전력을 공급하는 선로에는 저항이 있어서 I^2R에 해당하는 손실이 발생하게 된다. 따라서, 상대적으로 전류가 적은 전력을 전송하게 되면 전기에너지 손실을 줄일 수 있다.

교류는 변압기를 이용하여 고전압 저전류로 변환시킬 수 있다.

(1) 전자유도 작용

변압기의 기본 원리는 패러데이의 전자유도 법칙(Faraday's law of electromagnetic induction)과 렌츠의 법칙(Lenz's law)으로 설명될 수 있다.

전자유도 작용에 의해 유도 기전력이 발생하며, 이 유도 기전력의 방향은 렌츠의 법칙에 의해 결정된다.

> **Tip**
>
> **Faraday - Lenz의 전자유도 법칙**
>
> 코일을 관통하는 자속을 변화시킬 때 코일에 유도 기전력이 발생하는 현상
>
> 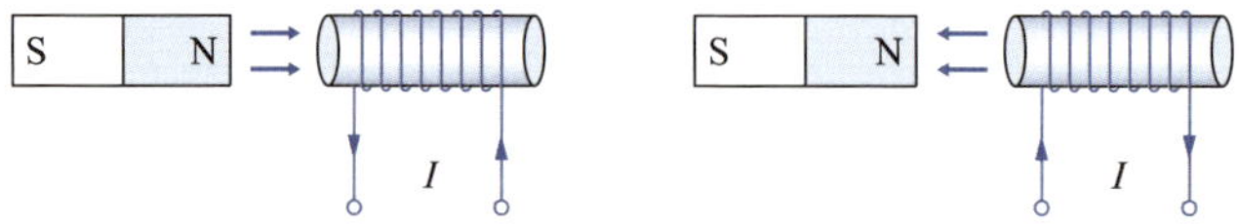
>
>
> ① 유도 기전력의 크기(패러데이의 법칙)
>
> $$e = -N\frac{d\phi}{dt}\ [\mathrm{V}]$$
>
> ② 유도 기전력의 방향(렌츠의 법칙) : 자속 ϕ의 증감을 방해하는 방향.

(2) 변압기의 동작원리

변압기(transformer)의 기본 원리는 도체를 지나는 자기력선이 변화하면 유도 기전력이 발생한다는 패러데이의 전자유도 작용을 이용한 것으로 교류 회로에 이용된다. 높은 전압, 적은 전류의 교류 전력을 동일 주파수의 낮은 전압, 많은 전류의 교류 전력으로 바꾸어 주거나, 그 반대의 과정을 행하는 전기 기기이다.

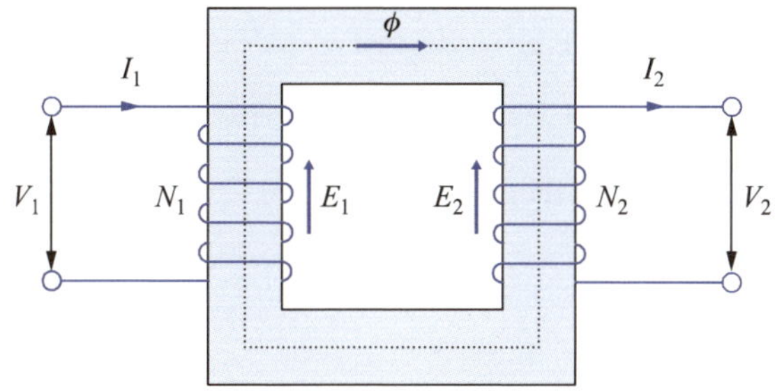

그림 7-6 변압기

변압기는 그림 7-6과 같이 규소강판으로 성층한 철심에 2개의 권선을 감은 형태로 되어 있다. 한쪽의 권선에 사인파 교류 전압을 인가하면 철심에는 사인파 교번 자속이 생기고, 이 자속과 쇄교하는 다른 쪽 권선의 감은 횟수에 따라 서로 다른 크기의 교류 전압이 유도된다.

이와 같이, 변압기(transformer)는 일정 크기의 교류 전압을 받아 전자유도 작용에 의하여 다른 크기의 교류 전압으로 바꾸어서 이 전압을 부하에 공급하는 역할을 한다. 이때에 전원 쪽에 접속되어 있는 권선을 1차 권선(primary winding) 부하 쪽에 접속되어 있는 권선을 2차 권선(secondary winding)이라 하며 전기적으로 분리되어 있으나 자기적으로 결합되어 있다.

1차 권선의 감은 수를 N_1, 2차 권선의 감은 수를 N_2라 하고, 1차 권선에 가해준 교류 전압을 V_1[V], 2차 권선에 유도된 교류 전압을 V_2[V]라 하면 이들 사이에는 다음의 관계식이 성립한다.

$$\frac{V_1}{V_2} \fallingdotseq \frac{E_1}{E_2} = \frac{N_1}{N_2} = a$$

여기서, N_1 : 1차 코일의 권수
N_2 : 2차 코일의 권수
a : 권수비

위 식에서 알 수 있듯이 1차 코일의 권수 N_1과 2차 코일의 권수 N_2의 비를 조절하여 일정한 공급 전압 V_1에 대하여 원하는 2차 전압 V_2 값을 얻을 수 있다.

1차 권선수가 2차 권선수보다 많으면 2차 전압이 낮게 된다. 반대로 2차 권선수가 많으면 1차 전압보다 2차 전압이 높아진다. 전자를 강압 변압기(step-down transformer)라 하고,

후자를 승압 변압기(step-up transformer)라 한다.

그림 7-7에서 스위치를 닫으면 부하가 연결되어 2차 권선에 전류 I_2가 흐르고 이에 대응하여 1차 권선에는 전류 I_1이 흐른다. 이때 변압기에 손실이 없다고 하면, 1차 권선에 가해준 입력 V_1I_1과 2차 권선 에서의 출력 V_2I_2는 서로 같으므로 다음 식으로 나타낼 수 있다.

$$V_1I_1 = V_2I_2 \qquad \frac{V_1}{V_2} \fallingdotseq \frac{E_1}{E_2} = \frac{I_1}{I_2}$$

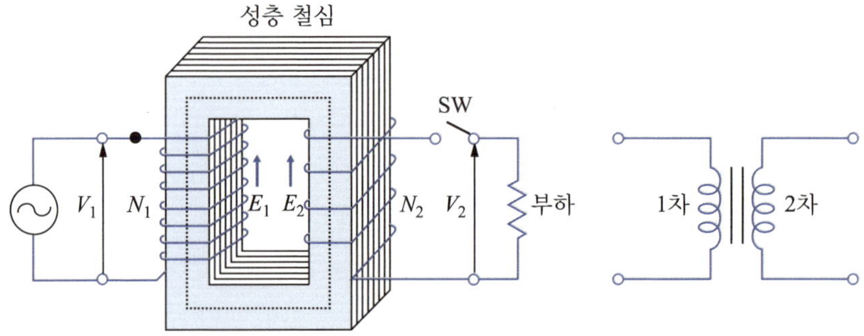

그림 7-7 변압기 회로 구성

(3) 변압기의 정격

변압기의 정격(rating)이란 주어진 변압기가 정해진 규정에 적합한 범위 내에서 사용될 수 있는 한도이다.

사용한도는 변압기 외함의 명판(name plate)에 기재되어 있다.

명판에는 정격용량, 정격전압[V], 정격전류[A], 정격주파수[Hz] 그리고 역률 등이 있다.

1) 정격용량

변압기의 정격용량은 정격 2차 전압, 정격 2차 전류, 정격 주파수 그리고 정격 역률에서 2차 단자 간에서 얻어지는 피상전력으로 표시하고, 단위는 [VA]이다.

2) 정격전압

변압기의 운전과 성능 특성을 나타낼 때의 기준 전압으로서 명판에 기록된 그 권선의 단자 전압의 실효값이고, 정격출력이 얻어지는 전압을 말한다. 3상 변압기에서는 정격전압은 선로 단자간의 전압으로 표시한다.

3) 정격전류

변압기에 지나치게 큰 전류가 흐르면 절연물이 손상되어 연소될 경우가 생기므로 정격전류를 명판에 표시할 필요성이 있다. 변압기의 정격 2차 전류는 정격용량을 정격 2차 전압으로 나눈 값이고, 정격 1차 전류는 정격 2차 전류를 권수비로 나눈 값이 된다.

(4) 이상 변압기

실제의 변압기는 권선의 저항이나 누설자속, 그리고 철손 등이 존재하여, 이론적으로 해석할 때에는 매우 복잡하나, 이론적 고찰을 쉽게 하기 위해서 이러한 손실이 없는 변압기를 이상 변압기(ideal transformer)라 한다.

이상 변압기의 조건은 다음과 같다.

1) 변압기 권선의 저항은 0이며, 동손은 없다.
2) 변압기 철심 내부에서 발생되는 철손이 없다.
3) 철심의 투자율은 매우 크고, 자속 ϕ는 철심내부에만 통하며 외부로 누설되는 자속은 없다.

(5) 특수 변압기

1) 단권 변압기

일반 변압기와는 달리 철심에 1차, 2차 권선을 직렬로 감아 공통 권선을 가지도록 설계된 변압기를 단권 변압기(auto-transformer)라 한다.

단권 변압기는 1차 및 2차 권선이 공용으로 되어있기 때문에 구리손과 누설자속이 작고, 전압 변동률이 작은 장점이 있다.

그림 7-8(a)는 강압용 단권 변압기를 나타낸 것으로, a-b 부분을 직렬권선(series winding), b-c 부분을 분로권선(shunt winding)이라 한다. a-c 사이의 권수를 n_1, b-c 사이의 권수를 n_2라고 하면, 1차측에 V_1을 공급하였을 때 a-b, b-c 사이에 유기되는 기전력을 E_1, E_2라고 하고, 2차측 단자전압을 V_2라 할 때, 권선의 저항, 누설 리액턴스 및 여자전류 등을 무시한 이상적인 변압기인 경우에는 다음의 관계가 성립한다.

$$\frac{V_1}{V_2} = \frac{E_1 + E_2}{E_2} = \frac{n_1}{n_2}$$

$V_1 / V_2 = a$와 같이 나타낼 때, $a < 1$이면 승압(step up) 변압기로 $a > 1$이면 강압(step down) 변압기로 사용된다.

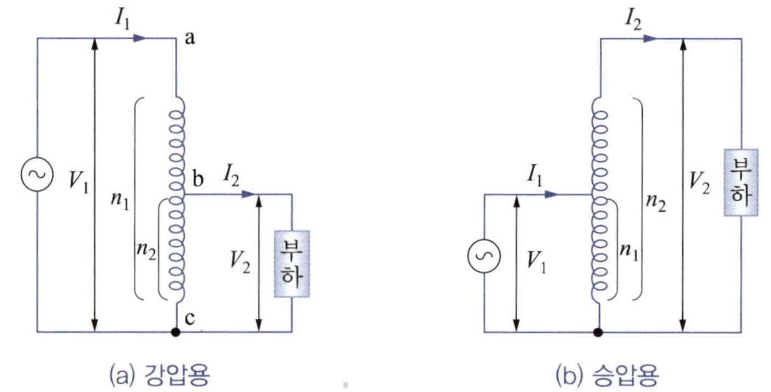

그림 7-8 단권 변압기

단권 변압기는 변압비가 적을수록 효율이 좋기 때문에 선로 전압을 10[%] 정도 올리면 승압기로 사용된다. 그리고 전동기를 기동할 때 공급 전압을 낮추어 기동 전류를 제한하는 기동 보상기와 전압을 연속적으로 변화시키는 소용량의 슬라이닥스(slidax)로 많이 사용된다.

2) 누설 변압기

자기 회로이 일부에 공극을 두어 자속을 누설시킴으로써 부하가 변해도 일정한 전류를 유지시키는 변압기를 누설 변압기라 한다.

누설 변압기는 부하 전류가 증가하면 누설 자속이 증가하여 부하 전류를 일정하게 하는 수하 특성을 가진다. 누설 변압기는 네온용 변압기, 방전용 변압기, 아크 용접기 등에 사용된다.

3 유도 전동기

유도 전동기(induction motor)는 교류 전류를 가해 주면 회전 자기장에 의해 회전력이 발생하여 회전하는 전동기로서 공급 전원을 쉽게 구할 수 있다. 내구성이 좋으며, 취급과 운전이 쉽고 가격이 싸기 때문에 가정 공장 등에서 널리 사용되고 있다.

(1) 유도 전동기의 종류

1) 농형 유도 전동기

농형 유도 전동기는 구조가 간단하고 견고하며, 보수 점검이 용이하고 가격이 저렴한 특징이 있다. 그러나 기동전류가 크기 때문에 전압강하가 일어나서 다른 부하에 나쁜 영향을 줄 수 있다. 특수 농형 유도 전동기는 기동토크를 크게 하기 위해서 회전자의 구조를 특수하게 설계한 것으로서 보통은 3.7[kW] 이상인 곳에 많이 사용된다.

2) 권선형 유도 전동기

권선형 유도 전동기는 2차 권선을 고정자 권선처럼 도선으로 권선한 전동기로서 2차 권선의 단자는 슬립링과 브러시에 연결한다. 기동용 저항기를 사용하므로 기동전류가 감소하고 큰 기동토크를 얻을 수 있다. 농형 유도 전동기에 비해서 기동전류는 작으나 기동토크는 크다.

(2) 3상 유도 전동기 회전원리

유도 전동기의 원리는 아라고 원판에 의해 설명할 수 있다. 그림 7-9(a)와 같이 알루미늄(또는 구리)으로 만들어진 아라고 원판을 중심축으로 지지하고 회전할 수 있도록 만든 다음, 원판의 주변을 따라 화살표 방향으로 자석을 회전시키면 원판은 전자 유도 작용에 의해 자석과 같은 방향으로 회전하게 된다. 이 자석을 시계 방향으로 빠르게 회전시키면 원판의 일부분이 자속을 자르므로 원판에는 기전력이 발생하고, 와전류(eddy current)가 흐르게 된다. 이 전류는 자석의 N극과 S극 사이의 자기장 내에서 흐르므로, 전류가 흐르는 원판 부분에는 자석의 이동 방향과 같은 방향의 힘인 전자력이 발생하게 되고, 원판은 자석이 이동하는 방향으로 끌려서 이동하게 된다.

이와 같은 현상은 그림 7-9(b)와 같은 원통 도체에서도 동일하게 나타나 원통 도체는 자석의 회전 방향을 따라 회전하게 된다.

유도 전동기는 대부분 농형 회전자를 사용한다.

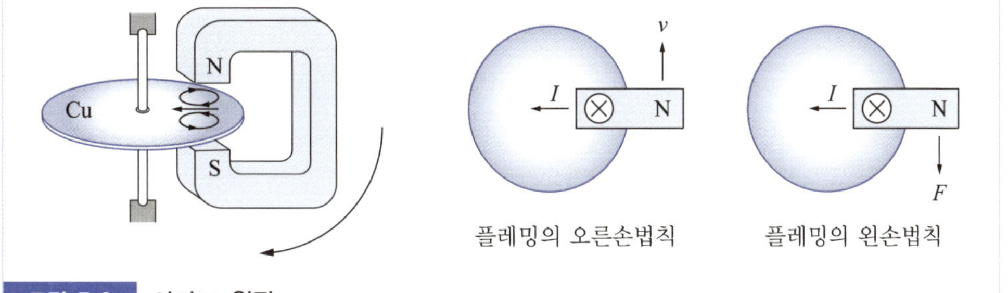

그림 7-9 아라고 원판

(3) 회전 자기장

아라고 원판 실험에서 영구 자석을 돌리면 원판이 따라 회전한다. 그러나 실제 전동기에서 자석을 움직여서 회전하는 방식은 큰 동력을 얻기가 매우 어려우므로 유도 전동기의 회전자를 큰 토크로 회전시키려면 자석이 기계적으로 회전하는 대신 전기적으로 회전하는 회전 자기장이 반드시 필요하다. 회전 자기장은 고정자 철심에 감겨 있는 권선에 3상 교류 전원을 가해 줌으로써 생긴다.

그림 7-10과 같이 규소 강판을 성층해서 만든 고정자 철심의 홈(slot)에 절연된 코일 aa′, bb′, cc′를 120°의 간격을 두고 배치한다.

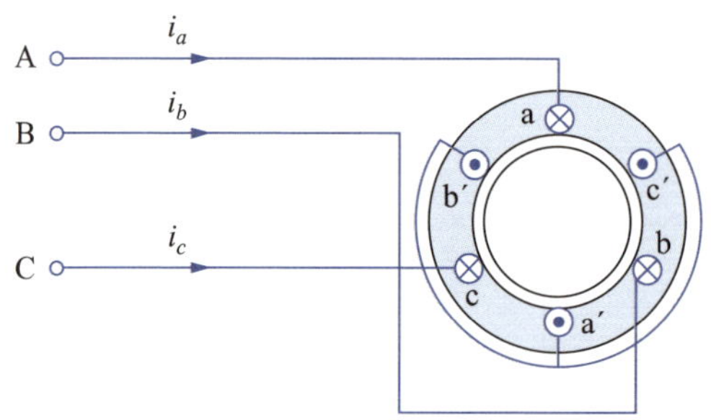

그림 7-10 **3상 유도 전동기 고정자 권선의 배치**

이 3개의 코일에 대해서 세 단자 a′, b′, c′는 서로 단락시키고, 세 단자 a, b, c에 3상 교류전압을 공급하여 주면 코일에는 그림 7-11(a)와 같이 전류 i_a, i_b, i_c가 흐르고, 이 전류에 의해 2극의 합성 자기장이 발생한다. 이 합성 자기장은 시간이 변함에 따라 그림 7-11(b)와 같은 변화를 나타낸다. 이때, 합성 자기장은 시간이 지남에 따라 시계의 회전방향과 같은 방향으로 회전하는데, 이것은 자석을 회전시키는 것과 같은 효과를 나타내기 때문에, 이와 같이 회전하는 합성 자기장을 회전 자기장이라고 한다. 회전 자기장은 교류의 1주기 동안에 고정자의 내부를 1회전하게 되며, 주파수 f[H]의 교류에 의해 만들어지는 회전 자기장의 회전수는 f[rps]가 된다. 또한, 1분 동안의 회전수는 n[rpm]은 다음과 같다.

$$n = f \times 60\ [\mathrm{Hz}]$$

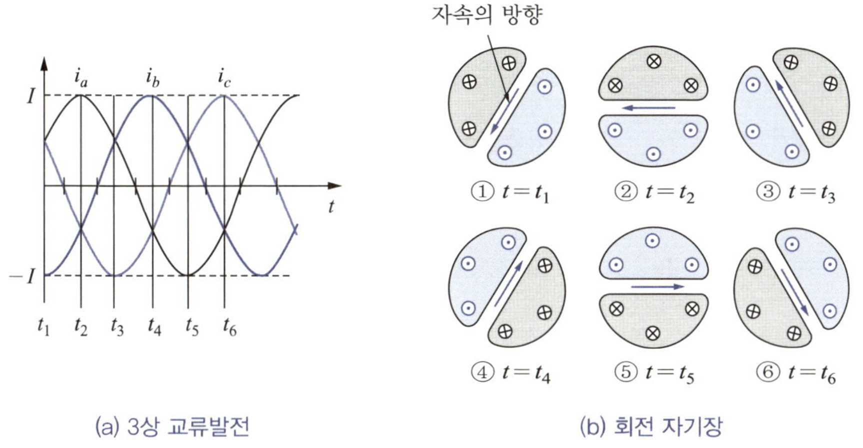

그림 7-11 회전 자기장의 발생원리

(4) 회전수와 슬립

회전자의 토크는 회전자 도체에 흐르는 전류와 자속과의 곱에 비례한다. 무부하 상태에서 속도가 점점 증가하여 회전 자기장과 같은 동기속도에 가까워지면 도체를 관통하는 자속의 수는 줄어들게 된다. 자속이 감소하면 회전자에 유도되는 전류가 줄고 따라서 회전자 토크도 감소한다.

부하가 연결되면 회전자 속도가 낮아져 동기 속도와의 차가 커진다. 그러면 도체를 관통하는 자속의 수도 증가하여 도체에 발생하는 전류도 커진다. 이것은 전동기의 토크를 크게 하고 속도는 다시 증가하게 된다.

전동기의 토크를 크게 하기위해서는 회전자 속도가 동기속도보다 낮은 회전수를 가져야 한다.

3상 유도 전동기에서는 항상 동기속도 n_s와 회전자의 속도n 사이에는 차이가 생기게 되며, 이 차이($n_s - n$)와 동기속도 n_s와의 비를 슬립(slip)이라고 한다. 슬립을 식으로 나타내면 다음과 같다.

$$s = \frac{n_s - n}{n_s}$$

여기서, s : 슬립
n_s : 동기속도

n : 회전자 속도

슬립은 3상 유도 전동기의 회전속도를 나타내는 한 방법으로 s가 커지면 회전자의 속도는 감소하고, s가 작아지면 회전자의 속도는 증가한다.

전동기의 회전자가 정지해 있을 때에는 $s=1$이 되고, 동기속도로 회전한다면 $s=0$이 된다.

대체로 전부하에서의 전동기의 슬립은 소형 전동기의 경우에는 5～10[%] 정도이고, 중형 및 대형 전동기의 경우에는 2.5～5[%] 정도가 된다.

(5) 동기속도

고정자 철심의 홈을 늘리고, 이 홈에 배치하는 코일의 수를 늘리면 4극, 6극, 8극 등의 회전 자기장도 만들 수 있다. 이때 만들어진 회전 자기장의 극수를 P라고 하면, 회전 자기장은 교류 파형의 1주기마다 $2/P$ 회전하게 되고, 1초 동안에는 $2f/P$[rps]만큼 회전하게 된다. 또한, 1분 동안의 회전수 n_s[rpm]은 다음과 같이 된다.

$$n_s = \frac{2f}{P} \times 60 = \frac{120f}{P} \text{ [rpm]}$$

여기에서, 회전 자기장의 회전수 n_s를 동기속도(synchronous speed)라 하며, 이 동기속도는 전원의 주파수와 극수에 의해 정해진다.

(6) 3상 유도 전동기의 구조

1) 고정자

고정자(stator)는 고정자 틀, 고정자 철심, 고정자 권선으로 이루어져 있으며 그림 7-12와 같이 규소강판을 성형하여 성층한 철심의 내부 주위에 설치한 슬롯에 고정자권선을 끼우고 전체를 철제프레임에 끼운 것이다.

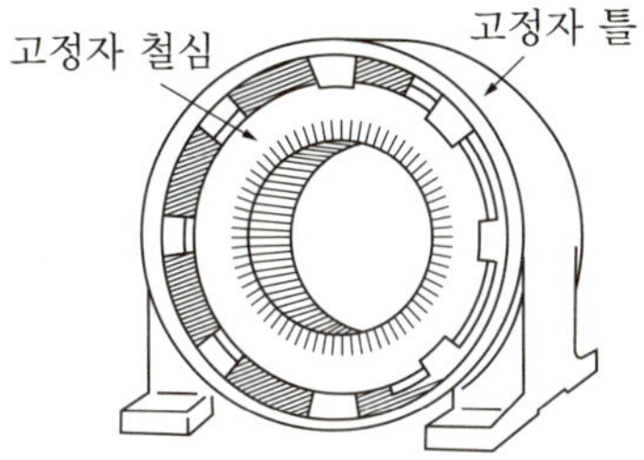

그림 7-12 고정자

3상 유도 전동기는 보통 220[V]와 380[V]의 고압에서 겸용으로 사용하도록 제조된다.

2) 회전자

회전자(rotor)는 규소 강판 둘레에 도체가 들어갈 수 있는 홈을 파고, 중심에는 축이 들어갈 수 있는 큰 구멍을 내어 성층으로 만든다. 도체의 구조에 따라 권선형 회전자와 농형 회전자의 두 종류가 있다.

① 권선형 회전자

권선형 회전자(wound rotor)는 규소강판을 성층하여 만든 원통형 철심의 바깥주위에 슬롯을 만들고, 고정자와 같은 3상 권선을 감아 놓은 것이다. 권선형 회전자는 슬립링(slip ring)을 통하여 외부회로와 연결시킬 수 있으며, 외부회로에 저항을 삽입하여 속도를 조절할 수도 있다.

② 농형 회전자

농형 회전자(squirrel case rotor)는 그림 7-13과 같이 원형슬롯에 도체를 끼워 놓고 그 두 끝을 알루미늄 다이케스팅의 단락링(end ring)으로 단락시킨 것이다. 농형 회전자는 구조가 간단하고 튼튼하며, 운전 중의 성능은 좋으나, 기동 할 때에 매우 큰 기동전류가 흐르기 때문에 공급전원에 나쁜 영향을 끼칠 수 있다.

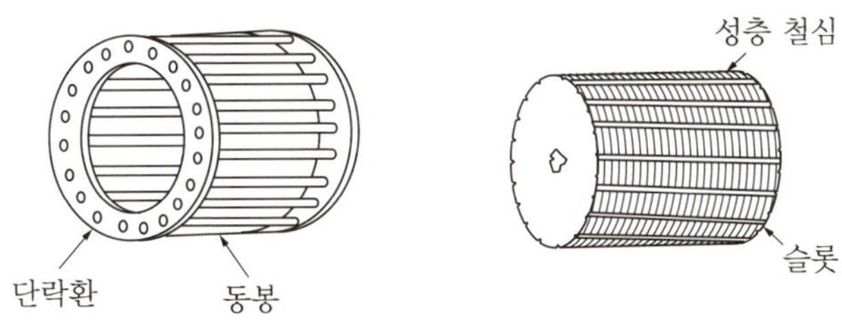

그림 7-13 농형 회전자 구조

3) 베어링

베어링은 회전자의 회전을 원활히 해 주는 역할을 한다. 베어링은 전동기의 고장 원인 중에서 발생 빈도가 높은 부분으로, 전동기 사용 중에 교체하게 되는 경우가 많다.

(7) 3상 유도 전동기의 운전

단상 전동기는 고정자의 주권선만으로는 기동회전력을 얻을 수 없기 때문에 기동할 때에 필요한 회전자계를 얻기 위해서 분상 기동식, 콘덴서 기동식, 반발 기동식 등을 사용한다. 단상 전동기의 기동장치는 대부분이 기기 내부에 시설되어 있으므로, 기동할 때에 특별한 조작을 필요로 하지 않는다.

3상 전동기는 처음부터 회전자계를 발생하며, 회전자는 회전자계의 방향으로 회전하므로 특별한 방식에 의하지 않고도 직접 기동시킬 수 있다. 그러나 3상 유도 전동기 중에서 고출력 농형 유도 전동기는 정격전압을 처음부터 가하면, 기동전류가 정격 전류의 5～7배까지 흘러서 전압강하가 발생하여 전동기가 기동하지 못하고 다른 전기장치에도 나쁜 영향을 준다. 따라서, 용량이 큰 전동기의 경우에는 기동장치를 사용하여 기동 전류를 제한한다.

1) 전전압 기동법

보통 5[kW] 이하의 소형 농형 유도 전동기에는 특별한 기동장치를 사용하지 않고 직접 정격전압을 인가하여 기동하는 방법이다. 기동전류는 전부하 전류의 5～6배, 기동토크는 정격토크의 1～2배 정도 된다.

2) Y-Δ 기동법

기동전류를 줄이기 위해서 운전 상태에서 권선 접속이 Δ(델타) 접속인 전동기를 기동 시에 Y 접속(MS_1을 투입)으로 하고 정격전압(상전압이 $1/\sqrt{3}$로 감압됨)을 인가하여 기동하고 회전속도가 정상운전 속도에 이르면 Δ 접속으로 변환(MS_1을 열고 MS_2를 투입)하는 방법이다. 일반적으로 이 기동 방식은 출력 5.5～37[kW] 정도에서 사용하고, 기동전류는 직입기동에 비하여 1/3로 되고 조작이 간단하다. 토크 비는 $T_Y/T_\Delta = 1/3$이 되며, 이 방식은 무부하에서 기동할 수 있는 공작기계 등에 적합하다.

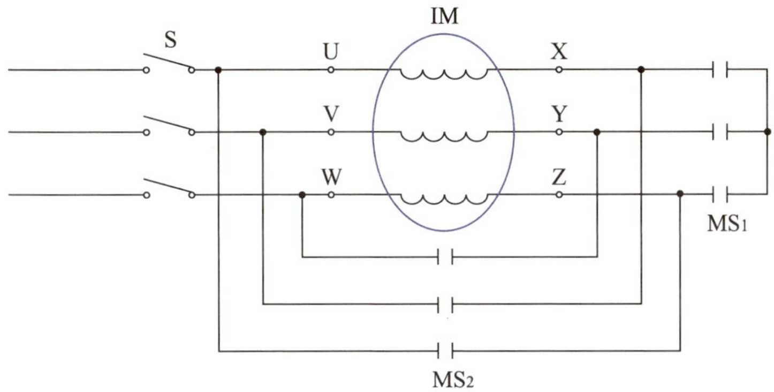

그림 7-14 3상 유도 전동기의 Y-Δ 기동회로

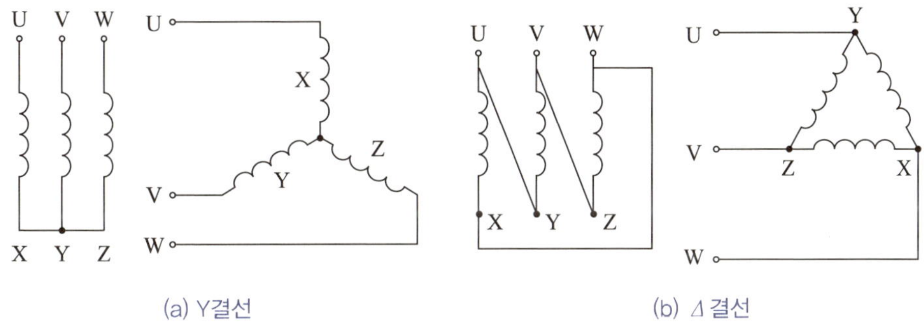

그림 7-15 Y결선 및 Δ결선

3) 기동 보상기에 의한 기동

전원측에 3상 단권 변압기로 정격전압의 50~80[%]의 전압에서 기동하고, 정상운전속도에 도달하면 3상 단권 변압기를 떼어내고 정격전압을 인가하여 주는 방식이다. 이 방법은 기동전류를 0.52~0.82로 저감시킬 수 있으며 중용량(30[kW]) 이상의 전동기에 사용되며, 기동시의 손실이 적고 전압을 가감할 수 있다.

4) 리액터 기동

전동기의 전원측에 직렬로 리액터(reactor)를 삽입하고 리액터에서의 전류제한현상을 이용 기동하는 방식이다. 기동 시 회전수 상승과 더불어 전동기에 인가전압이 상승한다. 이 기동 방법은 기동 보상기에 의한 기동에 비해서 기동 용량[kVA]이 큰 결점이 있으나, 기동 보상기에 의한 기동보다 조작이 간단하다. 리액터 기동기는 기동 보상기와 함께 농형 유도 전동기의 기동에 널리 사용되고 있다. 적용 대상으로는 펌프, 팬 등 Y-Δ 기동 방식으로 가속이 어려울 때나 기동할 때의 충격을 방지할 필요가 있는 방적기계 등에 적합하다.

4 동기전동기

동기전동기(synchronous motor)는 정상상태에서의 운전이 회전자계의 회전속도와 같은 속도로 회전하는 전동기를 말한다. 3상 유도기와 같이 고정자(계자)에는 3상으로 권선하고, 회전자는 직류를 인가하여 전자석을 만든다. 회전자에는 항상 같은 극이 인가되어서 자극의 방향이 바뀌지 않아야 하므로, 일정한 전류를 공급하기 위해서는 슬립링(slip ring)이 필요하다.

동기전동기의 회전속도는 동기 상태에서 회전 자계의 회전속도와 같으므로, 주파수가 f[Hz]인 교류를 발생시키기 위해서 극수가 P일 때 회전속도 N은 다음과 같이 된다.

$$N = \frac{120f}{P}$$

예제 7-1 동기속도 1800[rpm], 주파수 60[Hz]의 동기 발전기의 극수는?

풀이 $N = \frac{120f}{P}$ 에서 극수는 $P = \frac{120f}{N} = \frac{120 \times 60}{1800} = 4$

(1) 동기전동기의 특성

1) 장점

① 속도가 일정하다. (동기속도 N_s로 운전)

② 역률을 조정할 수 있다. (역률 $\cos\theta = 1$로 운전 가능)

③ 효율이 좋다.

④ 공극이 크고 기계적으로 튼튼하다.

2) 단점

① 기동토크가 작다. (기동토크 $\tau_s = 0$)

② 속도 제어가 어렵다.
③ 직류 여자가 필요하다
④ 난조가 일어나기 쉽다.

(2) 동기전동기의 이용

동기전동기는 전원 주파수와 극수로 결정되는 속도로 완전하게 동기 되어 일정한 속도로 회전한다. 또, 부하의 증감에 따른 회전속도의 변화가 없다.

그러므로 컨베이어 벨트용, 엘리베이터용, 소형시계, 타이밍 전동기에 사용된다.

연습문제

01 다음 중 직류 전동기의 가장 기본이 되는 법칙은?

① 플레밍의 왼손법칙
② 가우스의 법칙
③ 스톡스의 법칙
④ 패러데이의 법칙

02 직류 전동기의 회전수는 자속이 감소하면 어떻게 되는가?

03 변압기의 1차 전압 6.600[V], 권수비가 30인 경우 2차 전압은?

04 1차 전압 6.600[V], 2차 전압 220[V]인 단상 변압기의 권수는 얼마인가?

05 이상 변압기에 대한 설명 중 <u>잘못된</u> 것은?

① 권선의 저항이 0이다.
② 철손이 없다.
③ 동손이 100%이다.
④ 투자율이 매우 크다.

06 3상 유도 전동기의 기동법이 <u>아닌</u> 것은?

① 2차 저항 기동법
② 주파수 제어법
③ 직접 기동법
④ Y-△ 기동법
⑤ 기동 보상기법

CHAPTER 08

조명설비

1. 조명의 기초
2. 조명의 용어
3. 광원의 종류
4. 조명의 응용

1 조명의 기초

일상생활에 있어서 전기 조명은 가정, 빌딩, 공장, 도로 등 대부분의 장소에서 태양빛을 대신하여 사용되고 있는 매우 중요한 전기에너지이다.

생활수준의 향상과 건축물의 고급화로 인해 조명이 단순히 밝게만 해주는 것이 아니라 실내 디자인에 있어서도 매우 중요한 부분을 차지하고 있으며 조명에 필요한 전력도 증가하고 있다.

태양이 주는 빛이 가장 자연스럽고 좋은 조명이지만 시각적이고, 분위기적인 상태를 나타내기에는 불충분한 부분이 있어 질과 양에서 우수한 인공조명이 연구되고 있다.

(1) 색의 표시

색을 표시할 때는 광원색과 물체색이 있다. 광원색이란 어느 정도 이상의 밝은 빛이 눈에 들어오면 어떤 색으로 느끼게 되는데, 이때 자기 자신이 빛을 발산하는 물체의 색을 말하며, 물체색이란 외부로부터 빛을 받아서 나타내는 색을 말한다. 그리고 색을 나타낼 때는 다음의 3속성으로 나타낸다.

1) 색상

붉고 푸른 느낌

2) 명도

밝고 어두운 느낌

3) 채도

선명하고 흐린 느낌

(2) 색의 심리적 효과

색이 눈에 미치는 영향으로는 잔상, 대비, 순응 등 여러 가지가 있는데, 우리가 색에서 느끼는 심리적 효과는 다음과 같은 것들이 있다.

1) 한란의 감정

차고 따뜻한 느낌의 감정은 주로 색상에 따르며, 난색계는 적색·오렌지색·황색이고, 중성계는 녹색, 한색계는 청색·자색이라고 한다.

2) 경중(輕重)의 감정

이 감정의 색은 3속성 중에 주로 명도에 따르는 감정이며, 밝은 색은 가볍게, 어두운 색은 무겁게 느껴진다. 그리고 일반적으로 난색계는 무겁게, 한색계는 가볍게 느껴진다.

3) 경연(硬軟)의 감정

명도가 높고 채도가 약간 낮은 색은 부드러운 느낌을 주고, 명도는 낮고 채도가 약간 높은 색의 딱딱한 느낌을 준다.

4) 강약(强弱)의 감정

명도는 낮고 채도가 높은 색은 강한 느낌을 주고, 명도가 높고 채도가 낮은 색은 약하게 느껴진다.

5) 흥분하는 색, 가라앉는 색

난색계로서 명도가 높고 채도 또한 높은 색은 흥분 작용을 하고, 한색계로서 명도가 낮고 채도 또한 낮은 색은 마음을 안정시키는 작용을 한다.

6) 색과 피로도

색상에 대해서는 한색계보다 난색계가 피로가 빠르다. 명도에 대해서는 고명도가 저명도보다 피로가 빠르며, 채도에 있어서는 채도의 높이에 비례하여 피로도가 증가한다.

(3) 빛과 전자기파

조명은 자연조명과 인공조명으로 나눌 수 있다. 자연조명이란 태양빛에 의한 자연적인 조명을, 인공조명은 어두움을 밝히기 위하여 인위적으로 만들어 사용하는 조명을 말한다.

빛은 복사되는 전자파 중에서 인간의 눈으로 볼 수 있는 파장은 380~760[nm] 정도이며 이를 가시광선이라 한다.

사람 눈으로 볼 수 있는 가시광선은 파장에 따라 빛의 색깔이 다른데 파장이 큰 쪽으로부터 빨강, 주황, 노랑, 녹색, 파랑, 남색, 보라 순이다.

전자기파(electromagnetic wave)는 파장 또는 주파수에 따라서 각각 다른 성질을 가지고 있으며, 파장에 따라 X선, 자외선, 적외선, 전파 등으로 구분되고 파장의 순으로 나타낸 것을 스펙트럼이라 한다.

표 8-1 가시광선의 파장에 따른 색

색	빨강	주황	노랑	초록	파랑	보라
파장[nm]	760~640	640~590	590~550	550~490	490~450	450~380

Tip

단위

$1[cm]=10^{-2}$ $1[\mu m]=10^{-6}$

$1[nm]=10^{-9}$ $1[\text{Å}]=10^{-10}$

2 조명의 용어

(1) 복사

X-선, 자외선, 가시광선, 적외선, 전파 등의 모든 전자기파는 에너지를 가지고 있다. 이 전자기파의 에너지가 공간에 전파되는 현상을 복사(radiation)라 하고, 단위 시간에 복사되는 에너지의 양을 복사속(radiation flux)이라 하고 단위는 와트[W]를 사용한다.

(2) 광속(luminous flux)과 광량(quantity of light)

복사속 중에서 380~760[nm]의 파장 범위인 가시광선이 빛으로 사람의 눈으로 느낄 수 있으며, 그 양을 광속이라 하며, 기호는 F, 단위는 루멘[lm]을 사용한다.

같은 소비 전력일 때, 형광등이 백열등에 비하여 밝게 느껴지는 이유가 형광등에서 나오는 광속이 백열등의 광속보다 많기 때문이다.

(3) 광도(luminous intensity)

광원에서 빛이 사방으로 나와도 방향에 따라 빛의 강도가 다른 경우가 많은데 이것은 각 방향으로 광속의 양이 다르기 때문이다.

어느 방향으로 얼마만큼의 빛이 나오고 있는지를 나타낼 때 광도란 측광량을 사용한다. 광도의 기호는 보통 I이고, 단위는 칸델라[cd]를 사용한다.

그림 8-1에서, 이 광원으로부터 나오는 광속 F[lm]일 때 입체각 ω에서 광도 I는 다음과 같이 표현할 수 있다.

$$I = \frac{F}{\omega}\ [\text{cd}]$$

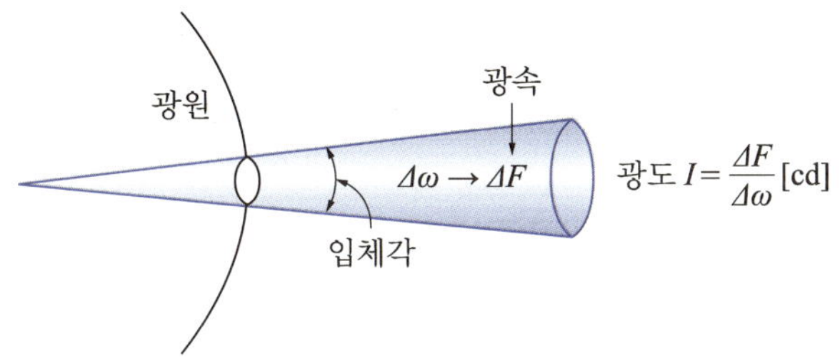

그림 8-1 광도

(4) 조도(illumination)

어떤 면에 빛을 비추면 그 면이 밝게 되는데, 그 밝은 정도를 조도라 하며 조도의 기호는 E, 단위는 룩스[lx]를 사용한다.

그림 8-2와 같이 단위 면적 A에 광속 F가 고르게 비춰질 때, 이 면의 조도 E는 다음과 같이 된다.

$$E = \frac{F}{A}\,[\text{lx}]$$

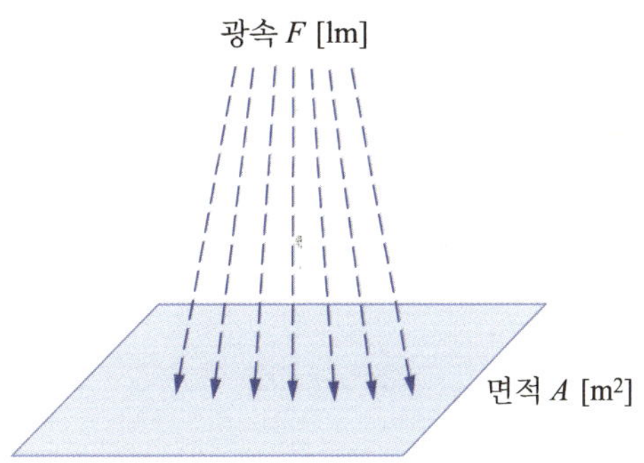

그림 8-2 조도

(5) 휘도(bright)

사람이 광원을 볼 때 느끼는 밝기의 정도를 휘도라 한다. 즉, 전구를 점등 상태에서 똑바로 보면 매우 눈부심을 느끼나 이 전구를 글로브로 씌우면 글로브 전체가 하나의 광원으로 작용하는 결과가 되어 눈부심은 상당히 완화된다. 이와 같은 표면의 밝기를 휘도라 한다.

단위는 스틸브[sb] 및 니트[nt]를 사용한다.

어느 면의 휘도 B는 그 방향과 광도 I를 그 면의 겉보기의 면적 A로 나눈 값이 된다.

$$B = \frac{I}{S}\,[\mathrm{cd/m^2}]$$

(6) 시감도

사람의 눈으로 볼 수 있는 빛의 파장 범위는 380～780[nm]이고 이를 가시광선(visible light)이라고 한다.

빛은 파장이 다르면 눈에 느끼는 광색이 다르게 되며, 합성된 빛은 각각의 파장과 양에 따른 광색을 느끼게 한다. 또한, 우리의 눈은 파장에 따라 느끼는 밝기를 달리 한다. 이와 같이 빛에 대한 눈의 감각을 시감도(visibility)라 한다.

빛의 파장이 길면 산란이나 회절이 잘 되고 감쇄가 적어서 멀리까지 잘 전파된다. 빨간색은 가시광선 중에서 가장 길어 멀리서 잘 보이는 용도로 사용된다. 파장이 짧은 파란색은 회절이나 산란을 하지 않아 윤곽선이 뚜렷한 글씨나 그림에 사용하면 가장 선명하게 보인다.

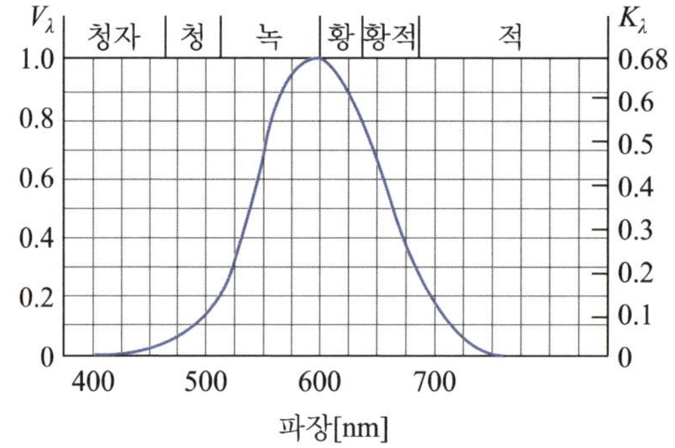

그림 8-3 비시감도 곡선

(7) 순응(adaptation)

대낮에 어두운 영화관에 들어가면 처음에는 컴컴하다 약 10분 정도 시간이 지나면 어두움에 익숙하게 되어 주위 사물들을 식별할 수 있다. 반대로 어두운 영화관에서 밝은 장소로 나오면 수초간은 눈이 부시지만 바로 밝음에 익숙해진다. 이러한 현상은 눈에 들어오는 빛이 극히 적거나 전혀 없을 경우에는 눈의 감광도는 많이 높아지며, 반대로 눈에 들어오는 빛의 양이 크면 감광도는 오히려 떨어지기 때문이다. 이러한 현상을 순응이라 하며 밝은 곳으로 나갔을 경우의 순응을 명순응(light adaptation)이라 하고, 어두운 곳에서의 순응을 암순응(dark adaptation)이라고 한다. 명순응이 되는 시간은 약 1~2분 정도 암순응은 30분 정도 걸린다.

밝은 곳에서 같은 밝음으로 보이는 청색과 적색이 어둔 곳에서는 적색이 어둡고 청색이 더 밝게 보인다. 이러한 현상을 퍼킨제 효과(Purkineje effect)라고 하며 이를 유도등 등에 적용하고 있다.

그림 8-4에서와 같이 명순응 된 눈의 최대 비시감도는 555[nm]이고, 암순응 된 눈의 최대 비시감도는 510[nm]로서 짧은 파장 쪽으로 이동함을 알 수 있다.

외국의 경우 피난구 유도등을 적색으로 사용하는 경우가 있는데 빛의 감쇄가 적어 피난시 멀리서도 볼 수 있기 때문이다.

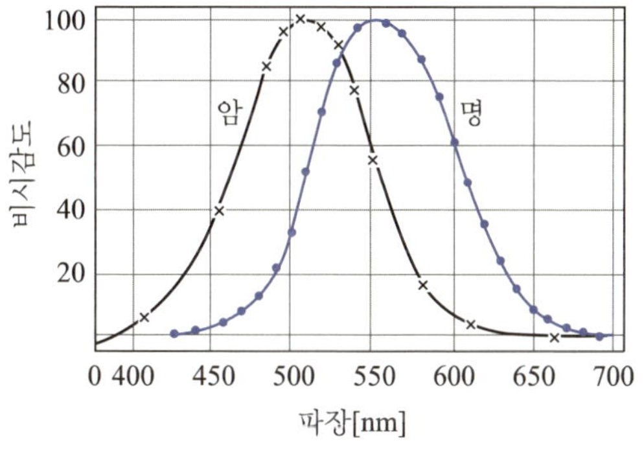

그림 8-4 파장에 따른 비시감도

3 광원의 종류

빛을 발산하는 근원을 광원(light source)이라고 하며 광원의 종류에는 형광등, 나트륨등, 수은등, 네온 전등 등이 있다.

(1) 형광등(fluorescent lamp)

형광등은 저압 수은등의 일종이로 방전에 의하여 복사되는 자외선을 유리관 내면에 바른 형광물질을 자극시켜 효율이 좋은 광속을 내는 것이다. 형광등의 특징은 백열전등 또는 수은등보다 효율적이 좋으며, 형광물질을 바꾸면 희망하는 광색을 얻을 수 있다. 형광등의 평균 수명은 7,000～10,000[h] 정도로 매우 길다. 그러나 사용 온도가 20～25[℃]이므로 고온 및 저온에서는 효율이 나쁘며, 교류를 사용하므로 주기적으로 빛의 어른거림이 생기는 단점이 있다.

형광등의 흑화 현상은 방전관의 끝 부분이 검게 변색되는 것을 말한다. 흑화 현상이 생기면 방전 개시 전압이 과다하게 높아져서, 글로 스타터가 작동하여도 필라멘트가 가열될 뿐 점멸을 반복하여 안정된 점등이 불가능하게 된다.

이러한 단점을 극복하기 위해 3파장 형광등이 사용되고 있다. 3파장 형광등은 사람이 가장 밝게 느끼는 녹색 파장대와 색을 가장 강하게 지각하는 적색, 청색 3개를 집중시키면 밝기와 연색성을 높일 수 있는데, 이를 응용한 것이다.

형광등의 특성은

① **효율이 높음**

백열전구나 수은등보다 효율이 높다.

② **램프의 휘도가 낮음**

발광 면적이 넓으므로 램프의 휘도가 낮아서 0.5～1[cd/cm^2] 정도이다.

③ **원하는 광색을 얻을 수 있음**

형광물질을 바꾸면 원하는 광색을 얻을 수 있고, 효율이 높다.

④ **수명이 길**

형광등의 평균 수명은 7,000[h]로 백열전구의 1,000[h]보다 매우 높다.

⑤ **열의 발산이 적음**

15[W] 주광색 형광등의 경우 방사열로 되는 에너지는 입력의 50[%] 정도이지만, 백열전구는 90[%]가 열로 방사된다.

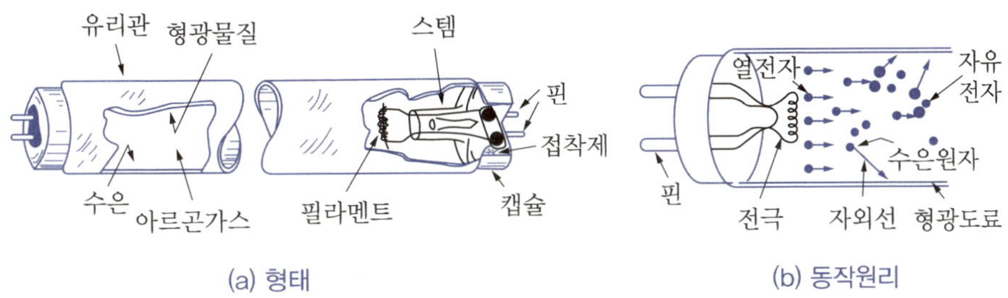

그림 8-5 형광등 방전관

(2) 수은등(mercury lamp)

수은등은 수은 증기 중의 방전을 이용한 것으로 저압 수은등, 고압 수은등 및 초고압 수은등으로 분류된다. 상온에서의 수은 증기압은 매우 낮으므로 기동하려면 고전압이 필요하다. 그러므로 소량의 아르곤을 혼합시켜서 페닝 효과(penning effect)를 이용해 기동을 용이하게 하고 있으며, 방전이 시작되면 수은이 서서히 증발하여 적당한 압력으로 된다. 대표적인 것이 고압 수은등은 수은 증기압이 100~760[mmHg] 정도이다. 고압 수은등의 발광관 내에 금속 할로겐 화합물을 첨가하여 연색성과 효율을 개선한 것이 메탈할라이드등이다.

수은의 증기압과 효율과의 관계를 그림 8-6에 보이고 있다. 그림에서 Ⅰ영역은 저압 수은등, Ⅱ영역은 고압 수은등, Ⅲ영역은 초고압 수은등의 동작범위이다.

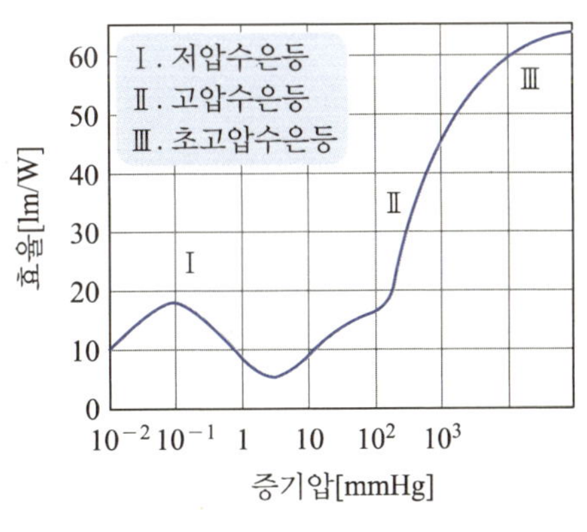

그림 8-6 수은등 증기압 효율 곡선

(3) 나트륨등(natrium lamp)

나트륨 증기 속에서의 방전을 이용한 등으로, 점등 중의 나트륨 증기압이 0.004[mmHg] 정도인 저압 나트륨등과 100～200[mmHg] 정도인 고압 나트륨등이 있다. 일반적으로 나트륨등은 저압 나트륨등을 말한다.

저압 나트륨등의 효율은 높고, 수명은 약 9,000[h] 정도로 길지만, 연색성이 매우 나쁘고 피조물에 대한 색 식별이 불가능하다. 따라서 조명용 광원으로 이용이 한정되며, 주로 도로 조명용으로 사용되고 있다.

(4) 네온 전등(neon lamp)

네온 전등은 유리구 내에 네온을 15[mmHg] 정도 봉입하고, 코일이나 원판 모양의 전극을 1～2[mm] 간격으로 접근시켜서 설치한 것으로 야간등, 오디오 표시등, 타이머 회로등에 사용된다.

(5) LED 조명

전류를 빛으로 변환시킬 수 있는 반도체 소자를 발광 다이오드(LED : Light Emitting Diode)라고 한다. 또, LED를 조명용으로 개발한 것이 LED 조명이다.

에너지 효율성이 기존 제품에 비하여 우수하기 때문에 일반 조명뿐만 아니라 간판, 디스플레이 등 다양한 산업에 적용을 국가적으로 지원하고 있다.

LED 특징

① 전력 소모가 적고 수명이 길다.
② 다양한 색상의 발광이 가능하다.
③ 점등 또는 소등 속도가 빠르다.
④ 충격에 강하고 초소형 제작이 가능하다.
⑤ 다른 광원에 비해 배광 특성이 나쁘다.

4 조명의 응용

(1) 유아등, 양어등 및 집어등

벼농사에서 이화명충의 피해는 매우 크다. 이와 같은 해충의 나비가 발생한 시기에 전등을 시설하여 그 밑에 수반(水盤)을 놓고 해충들이 이곳에 모여들어 수반에 떨어지게 한다. 이

것을 유아등이라 한다.

해충이 청색광을 좋아 하는 성질을 이용하여 20[W]의 청색 형광등을 시설하고 수반에는 기름 한 방울을 넣으면 효과가 크다.

수반 대신에 양어장의 위에 유아등을 시설하면 모여든 해충이 연못에 떨어져서 잉어의 먹이가 되어 일석이조의 효과가 있다. 이렇게 사용되는 경우 이것을 양어등이라고 한다. 또 물고기가 녹색 빛을 좋아하는 성질을 이용하여 해수 중에 100～300[W]의 녹색전등을 사용하면 고기가 모여들어 어획고를 높이게 된다. 이렇게 사용하는 전등을 집어등이라 한다.

동해안이나 제주도 인근 바다에 가면 밤에 오징어 잡는 배들이 불빛을 환하게 비치고 바다에서 고기를 잡는 광경을 많이 볼 수 있다. 이것은 물고기들이 녹색 빛을 좋아하는 성질을 이용하여 고기들이 많이 모여들게 하기 위한 것이다. 즉, 집어등으로 사용하는 것이다.

(2) 양계등

닭의 운동과 모이 먹는 시간을 길게 하여 산란율을 높일 목적으로 해진 뒤와 해뜨기 전에 3～4시간 점등하는 것이다.

60[W] 백열전등을 15[m^2]에 한등 정도로 배치하여 10[lx]의 조도를 주는 것이 일반적이다. 해진 뒤에 점등하는 방식은 소등을 점진적으로 하기 위하여 단권 변압기를 쓰거나 전등을 직·병렬로 접속한다. 또 해뜨기 전의 방식은 매일 일정한 시간에 점등하기 위하여 타임스위치를 이용한다.

(3) 전조 재배

녹엽 식물의 탄소동화작용은 일광에 의하여 이루어지므로, 야간에 점등하면 발육이 촉진된다. 또 식물 종자에 X선이나 자외선을 쪼이면 발아율이 증가되고 발아 후의 성장도 촉진된다.

(4) 도난 방지

광전관을 전원에 연결하고 여기에 빛을 쪼이면 전류가 통하고, 반대로 쪼이던 빛을 차단하면 통하던 전류가 차단된다. 이 성질을 이용하여 방의 입구나 건물의 주위에 전등 빛을 한 방향으로 발사하고 이것을 거울로 반사시켜서 빛의 울타리를 만들어 최후에 광전관에 비치게 한다. 그러면 사람이 이 빛을 차단하면 곧 광전류가 차단되고 계전기(relay)가 동작되어 경보를 울리게 할 수 있다. 이것에 사용하는 빛을 적외선으로 사용하면 사람의 눈에 뜨이지 않아서 더욱 효과가 좋다.

이외에도 빛을 이용하는 것에는 여러 가지가 있다. 호텔이나, 은행, 관공서 등의 출입구의 자동문(自動門)도 이 빛을 이용한 것이다.

(5) 빛을 생활에 이용하는 지혜

사람은 시각, 후각, 청각, 미각, 촉각 등의 5가지 감각이 있다.

예를 들어, 먹음직스러운 음식이 있을 때, 이것을 눈으로 보면 타액선(唾液腺, 침을 내보내는 선)을 자극하여 침을 내보내게 된다. 또 맛있는 음식의 냄새를 맡아도 마찬가지 작용이 일어난다. 또 맛있는 찌개가 끓는 소리를 들어도 같은 현상이 일어난다.

이와 같이 우리는 음식 하나를 먹어도 우리가 가지고 있는 5각이 총동원 되는 것이다. 그러므로 식품회사에서는 우리들의 5각을 자극시키기 위하여 음식물에 색소를 사용하는 것이다.

사탕, 과자, 청량음료 등을 맛있게 보이도록 하기 위하여 알록달록하게 색깔을 낸다. 그리고 정부에서는 이 식용색소가 어느 한도 이내로 들어가는 것은 인체에 해가 없다고 하여 색소를 첨가하는 것을 허가하고 있는 것이다.

여기서 식품학 강좌 "음식오케스트라"라고 하는 책에 다음의 내용이 있다.

"식품 보존제와 같은 첨가물을 사용하는 데에는 뚜렷한 원칙이 있다. 즉, 위험과 이득의 수지계산(risk and benefit balance)에 근거하여 사용하는 것이다. 첨가물을 사용함으로서 우리가 얻을 수 있는 이점이 그것을 사용해서 피해를 받을 위험보다 훨씬 클 때 사용이 허용되는 것이다."

"아무리 허용되었다 하더라도 필요 없이 첨가물을 많이 사용하는 회사나 그들이 만든 제품을 배격해야 한다. 그 대표적인 예가 식용색소의 과도한 사용이다. 요즘 청량음료나 빙과류를 보면 진한 검정색, 보라색, 빨간색 등으로 되어 있는 것을 흔히 보게 된다. 이들은 대부분 화학합성 색소로서 감각적인 자극을 위한 것일 뿐 영양 성분의 보존이나 식품의 가치 증진과는 거리가 먼 것이므로 색소의 과도한 사용은 백해무익한 일이다. 덴마크에서는 식용색소의 사용을 가급적이면 줄이기 위하여 여러 가지 노력을 하고 있다. 소시지에 빨간 색소로 물들이던 것도 금지하였으며 콜라에 사용하는 검정 색소도 인체에 좋을 것이 없는 과잉 사용이라고 규정하고 그 사용량을 제한하고 있다."

음식의 시각을 돋우는 데 백열전구를 사용하자.

백열전구는 적색광이 많이 나온다. 음식을 먹는 식탁위에 백열전구를 켜 놓고 음식을 바라보면 음식이 먹음직스럽게 보인다. 예를 들어, 불고기를 만들어 놓고 백열전구로 비치면 불고기가 붉은 빛이 나며 대단히 신선해 보이고 따라서 구미를 돋우게 된다.

그러나 형광등이나 수은등을 비치면 고기가 약간 검은 색깔로 보이며 오래되어 상한 듯

한 느낌을 준다. 따라서 식욕을 감퇴시킨다. 이것이 조명 효과이다.

즉, 음식물에 식용색소나 조미료를 넣어서 시각이나 미각을 돋우려 하지 말고 각종 전등의 조명을 이용하여 시각이나 미각을 돋우면 인체에 해도 없고 좋다.

예를 불고기로 들었지만, 김치, 깍두기 등 모든 음식물이 붉은 빛이 나야 신선하고 먹음직스러워 보인다.

음식점에서도 형광등 보다는 백열전구를 사용해야 손님들의 식욕을 돋우는 것이다. 그러므로 음식점에 갔을 때, 만일에 형광등과 백열전구로 조명이 되어 있다면 백열전구로 된 좌석에서 식사를 하는 것이 음식 맛도 있다. 음식 맛이 있다는 것은 먹을 때 타액이 많이 나온다는 것이다. 따라서 소화도 잘되고 소화가 잘되면 건강에도 좋을 것이다.

젊은이들이 데이트 할 때

젊은이들이 자주 가는 노래방, 소주방, PC방, 밤거리 등 여기서 어느 곳을 가나 밤이면 백열전구 밑으로 가는 것이 좋다.

백열전구 밑에서 상대방의 얼굴을 바라보면 남자는 얼굴이 불그스름하게 비쳐서 혈기가 왕성한 남성으로 보이고, 여자도 얼굴이 붉게 비쳐서 더욱 아름답게 보일 것이다.

그러나 형광등 밑에서는 얼굴이 창백하게 보이고 약간 병색이 있는 것 같이 보인다. 더욱이 가로등이 수은등이라면 수은등 밑에서는 얼굴이 검게 보이며, 흉하게 보인다. 여기서 자기의 손을 보면 깜짝 놀랄 정도로 손이 검게 보일 것이다.

노래방이나 소주방 및 커피숍에서도 분위기를 살리기 위하여 여러 가지 전등으로 장식이 되어 있으므로 전등에서 나오는 불빛을 생각하여 현명하게 생활하는 것이 삶의 지혜가 될 것이다.

보통 조명하면 연극을 할 때 무대의 조명으로만 생각하는데 우리들의 생활에 이 조명을 잘 이용하면 생활을 더욱 활기 있고 아름답게 생활해니갈 수 있을 것이다.

연습문제

01 조명방식의 종류와 그 특성을 설명하시오.

02 조명에서 말하는 칸델라[cd]는 다음 어느 것의 단위인가?

① 광속
② 조도
③ 휘도
④ 광도
⑤ 광속 발산도

03 다음 중 사람의 눈에 가장 잘 보이는 색은 무엇인가?

① 적색
② 흑색
③ 황록색
④ 흰색
⑤ 갈색

04 퍼킨제 효과란?

05 집에서 사용하는 광원의 종류와 용량이 몇 와트인지 알아보기.

06 백열전구와 형광등의 차이점을 설명하시오.

CHAPTER 09

전기설비

1. 간선
2. 배선 원칙 및 기본사항
3. 비상전원설비
4. 정류
5. 전동기의 용량과 역률 개선

1 간선

건물 내에서 사용하고 있는 전력은 전력회사, 자가발전설비 및 축전지로부터 공급받고 있다. 이러한 전력은 변압기 및 배전반을 통해 전등기구, 콘센트 및 각 부하에 공급된다. 전원에서 변압기 또는 배전반 사이를 접속하는 배전선로 및 배전반에서 각 수용장소에 설치된 전등 분전반 또는 동력 제어반에 이르는 배전선로를 전력간선 또는 간선이라 한다.

(1) 간선의 구성

1) 급전선(Feeder)

변전소 또는 발전소로부터 배전 간선에 이르기까지 도중에 부하가 접속되지 않은 선로를 말하며 송전선이라고도 한다.

2) 간선(Main Line)

자가발전기, 축전지 등의 전원에서 배전반까지의 선로 및 변압기에서 배전반까지의 선로 그리고 배전반에서 동력 제어반이나 전등 분전반까지의 주요 선로이다.

3) 분기선(Branch Line)

전등 분전반이나 동력 제어반에서 분기한 선로(전등이나 콘센트, 전동기의 배전에 쓰이며 중간에 과전류차단기를 설치)이다.

(2) 간선의 굵기 선정 시 고려 사항

1) 허용전류

도체의 절연피복물의 최고 허용온도나 주위 상황에 따라 허용전류(Admittable Current)값은 달라진다.

Tip

허용전류의 계산식은 다음과 같다.

$$I_a = I_L \times (1.1 \text{ 또는 } 1.25)\frac{1}{K}$$

여기서, I_a : 간선의 최소 허용전류

I_L : 전부하 전류

K : 허용전류 온도감소계수

허용전류의 계산방법

(1) 전부하전류(Load Current)

① 직류의 경우 : $I_L = \frac{P}{V}$ [A]

② 교류 단상의 경우 : $I_L = \frac{P}{V\cos\theta \cdot \eta}$ [A]

③ 교류 3상의 경우 : $I_L = \frac{P}{\sqrt{3}\,V\cos\theta \cdot \eta}$ [A]

(2) 계수 1.1 또는 1.25배의 적용

① $I_L \leq 50[\text{A}] \times 1.25$

② $I_L > 50[\text{A}] \times 1.1$

2) 전압강하

전압강하는 송전단과 수전단 사이에 생기는 전압의 차를 말하며, 간선 및 분기회로에서의 전압강하는 표준전압의 2[%] 이내로 한다.

3) 기계적 강도

전선은 인장력에 충분히 견딜 수 있는 강도를 가져야 한다.

4) 전력손실

전력손실은 작을수록 좋으며, 전력손실이 작을수록 배선이 양호하다.

5) 장래 부하의 변동

장래에 부하가 증설될 것을 감안하여 간선의 여유 굵기를 선정한다.

(3) 간선의 종류

1) 사용목적에 따른 분류

① **동력 간선**

엘리베이터, 송수펌프 등에 전력을 공급하기 위한 간선

② **전등 간선**

전등기구나 전기기구 등에 전력을 공급하기 위한 간선

③ **소방 간선**

발신기, 소화전함, 수동 조작반, 연동 제어기 등에 전력을 공급하기 위한 간선

④ 특수 간선

전자계산기 등 특수기기를 가동하기 위한 간선

2) 전원에 따른 분류

전력회사에서 수전하는 경우를 상용전원, 내부의 자가발전설비나 축전기에 의해 전원을 공급받는 경우를 비상 또는 예비전원이라 한다.

2 배선 원칙 및 기본사항

(1) 전압

1) 전압의 종류

표 9-1 전압의 종류

구분	범위
① 저압	직류 : 750[V] 이하 교류 : 600[V] 이하
② 고압	직류 : 750[V] 초과 7,000[V] 이하 교류 : 600[V] 초과 7,000[V] 이하
③ 특별고압	7,000[V] 초과

2) 전압강하

전압강하(Voltage drop)는 전선에 전류 I가 흐르면 전선의 저항 R 때문에 IR의 전압강하가 일어난다. 이때 IR을 R에 의한 전압강하라 한다.

전압강하 때문에 전원측보다 부하측의 전압이 낮아지고 그 값이 일정 이상 되면 전기설비가 제대로 기능을 하지 못하게 된다.

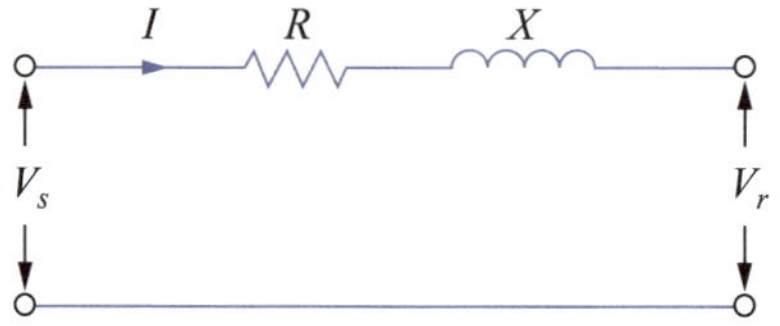

그림 9-1 송수전단 전압

그림 9-1에서 전선 한 가닥의 전압강하 e는 다음 식과 같이 나타낼 수 있다.

$$e = V_s - V_r = I(R + jX) = I(R\cos\theta + jX\sin\theta)$$

여기서, V_s : 송전단 전압
V_r : 수전단 전압
R : 전선 1가닥의 저항
X : 전선 1가닥의 리액턴스

① **단상 2선식인 경우**

회로의 리액턴스를 무시하고 역률을 1, 표준 연동의 고유저항을 1/58[Ω/m-mm^2], 전선의 도전율을 97[%]로 가정하면 단상 2선식의 경우 전압강하는 다음 식과 같다.

$$e = V_s - V_r = (R \cdot I) \times 2 = \frac{1}{58} \times \frac{100}{97} \times \frac{L}{A} \times I \times 2 \cong \frac{35.6LI}{1,000A} \text{[V]}$$

여기서, V_s : 송전단 전압
V_r : 수전단 전압
A : 도체 단면적[mm^2]
L : 선로의 길이[m]

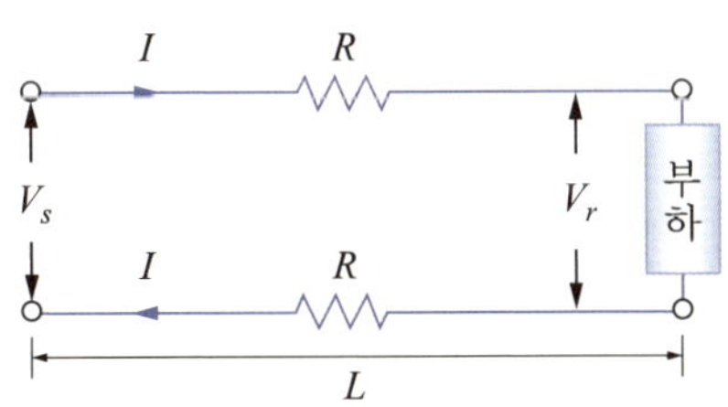

그림 9-2 단상 2선식 회로

② **3상 3선식**

3상 3선식의 경우 전압강하는 다음 식과 같다.

$$e = \sqrt{3} \times (I \cdot R) = \sqrt{3} \times I \times \frac{1}{58} \times \frac{100}{97} \times \frac{L}{A} \cong \frac{30.8LI}{1,000A} \text{[V]}$$

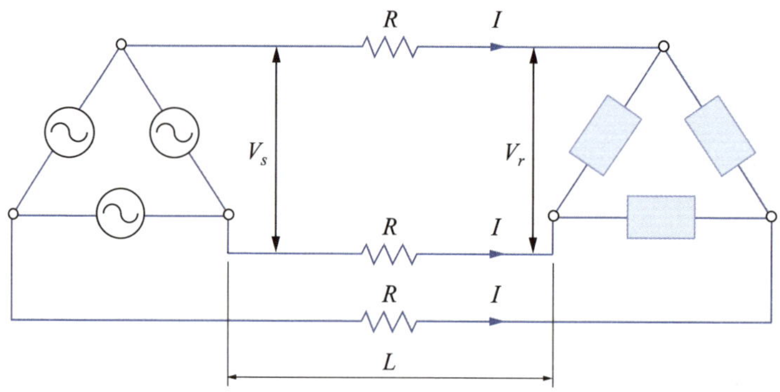

그림 9-3 3상 3선식 회로의 전압강하

③ 3상 4선식 또는 단상 3선식

이 방식은 부하가 평형되어 있어 중성선에 전류가 흐르지 않는다고 가정하여 계산한다.

$$e = (R \cdot I) = \frac{1}{58} \times \frac{100}{97} \times \frac{L}{A} \times I \cong \frac{17.8LI}{1{,}000A} \text{ [V]}$$

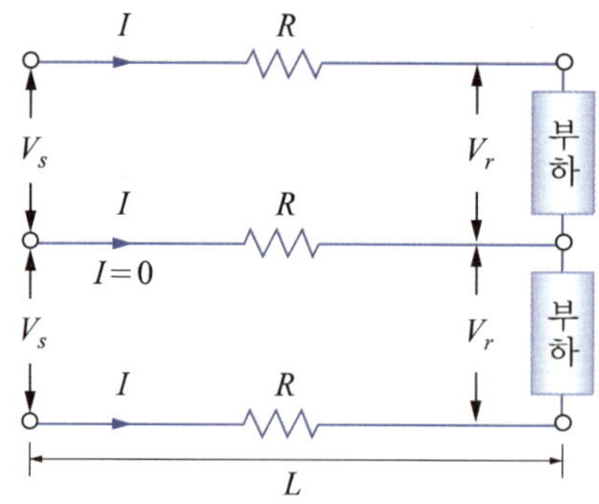

그림 9-4 단상 3선식 및 3상 4선식 회로의 전압강하

표 9-2 전압강하

전기 방식	전압강하
단상 2선식	$\frac{35.6LI}{1{,}000A}$ [V]
3상 3선식	$\frac{30.8LI}{1{,}000A}$ [V]
단상 선식, 3상 4선식	$\frac{17.8LI}{1{,}000A}$ [V]

④ **전압강하율**

전압강하를 수전단 전압으로 나누어 %로 표시한 것을 전압강하율이라 한다.

$$\text{전압강하율} = \frac{\text{전압강하}}{\text{수전단 전압}} \times 100 = \frac{V_s - V_r}{V_r} \times 100$$
$$= \frac{I(R\cos\theta + X\sin\theta)}{V_r} \times 100$$

여기서, V_s : 송전단 전압
V_r : 수전단 전압

저압 배선 중의 전압강하는 간선 및 분기회로에서 각각 표준전압의 2[%] 이하로 하는 것을 원칙으로 하며, 수용가 내에 시설한 변압기에 의하여 공급되는 경우에 간선의 전압강하는 3[%] 이하로 할 수 있다.

⑤ **전압변동률**

부하단에서 전압변동의 폭을 수전단 전압으로 나누어 %로 표시한 것을 전압변동률이라 한다.

$$\text{전압변동률} = \frac{V_{ro} - V_r}{V_r} \times 100\,[\%]$$

여기서, V_{ro} : 무부하시 수전단 전압
V_r : 수전단 전압

(2) 분기회로

저압 옥내간선으로부터 분기하여 분기 과전류보호기를 거쳐 전등 또는 콘센트와 같은 전기기기에 이르는 배선을 분기회로(Branch circuit)라 한다.

전기기기를 안전하게 사용하고 또한 고장 발생 시 파급되는 범위를 가능한 한 축소하고 신속한 복귀를 위하여 모든 부하는 분기회로에서 사용되어야 한다.

1) 전등 및 소형전기기계 기구의 분기회로

① 사용전압이 220[V]인 경우 설비용량을 3300[VA]로 나눈 값

② 사용전압이 110[V]인 경우 설비용량을 1650[VA]로 나눈 값

2) 분기회로의 차단기 용량

① 정격전류가 50[A]를 초과하는 경우 하나의 전기사용 기계 기구에 흐르는 분기회로를 보호하는 정격전류가 그 전기사용 기계 기구 정격전류의 1.3배를 초과하지 아니할 것

② 전동기 등에만 흐르는 과전류차단기의 정격전류는 부하측 전선의 허용전류의 2.5배한 값 이하일 것

3) 분기회로의 전선 굵기

① 전동기 등의 정격전류가 50[A] 이하일 경우에는 그 정격전류의 1.25배 이상의 허용전류의 것일 것

② 전동기 등의 정격전류가 50[A] 초과할 경우에는 그 정격전류의 1.1배 이상의 허용전류의 것일 것

4) 수용률, 부하율, 부등률

① **수용률**

수용가의 부하들이 모두 동시에 사용되는 경우는 없기 때문에 배전설비 용량을 모든 부하설비의 용량만큼 준비하지는 않는다. 수용률이란 어느 기간 중에 수용가의 최대수용전력과 수용가에 설치되어 있는 부하설비용량의 합과의 비를 말한다.

$$\text{수용률} = \frac{\text{최대수용전력 [kW]}}{\text{부하설비용량 [kW]}} \times 100$$

② **부하율**

부하율은 전기설비가 어느 정도 유효하게 사용하고 있는가를 나타내며 부하율이 클수록 공급설비가 유효하게 사용된다는 것이다.

부하율은 기준에 따라 일부하율, 월부하율, 연부하율 등으로 나타내며 부하율이 클수록

전기설비가 유효하게 사용하고 있음을 나타낸다.

$$\text{부하율} = \frac{\text{평균수용전력 [kW]}}{\text{최대수용전력 [kW]}} \times 100 = \frac{\text{총 전력량} \div \text{총 시간}}{\text{최대부하}}$$

③ **부등률**

각 부하의 최대수용전력의 합을 어떤 시간의 최대수용전력의 합으로 나눈 값을 부등률이라 하며 부등률을 항상 1보다 크다.

수전설비 용량산정에 사용되며 부등률이 클수록 설비 이용률이 커 유리하다.

$$\text{부등률} = \frac{\text{최대수용전력 합 [kW]}}{\text{합성 최대수용전력 [kW]}} \geq 1$$

(3) 전선

1) 절연전선

절연전선의 종류로는 면 절연전선, 고무 절연전선, 비닐 절연전선, 인입용 비닐 절연전선 등 여러 가지가 있다.

2) 전선의 구비조건

① 도전율이 클 것
② 내구성이 좋을 것
③ 비중이 작을 것
④ 기계적 강도가 클 것
⑤ 경제적일 것

3) 전선의 굵기 3요소

① 전선의 기계적 강도
② 허용전류
③ 전압강하

4) 전선의 접속

① 전선의 강도를 20[%] 이상 감소시키지 아니할 것(강도를 80[%] 이상 유지)
② 접속슬리브, 전선접속기류를 사용하여 접속하거나 또는 납땜을 할 것
③ 접속부분은 절연전선의 절연물과 동등 이상의 절연효력이 있는 것으로 충분히 피복할 것
④ 접속점의 전기저항을 증가시키지 않도록 할 것

(4) 배선도가 나타내는 의미

1) 옥내배선의 기호

내 용	도면기호	비 고
천장은폐배선	────────	(1) 천장은폐배선 중 천장 속의 배선을 구별하는 경우는 천장 속의 배선에 ─·─·─를 사용하여도 좋다.
바닥은폐배선	── ── ── ──	(2) 노출배선 중 바닥면 노출배선을 구별하는 경우는 바닥면 노출배선에 ─··─··─를 사용하여도 좋다.
노출배선	- - - - - - - - - -	(3) 전선의 종류를 표시할 필요가 있는 경우는 기호를 기입한다.
		(4) 절연전선의 굵기 및 전선수는 다음과 같이 기입한다. 단위가 명백한 경우는 단위를 생략하여도 좋다. 보기 : ─///─ 1.6 ─//─ 2 ─//─ $2mm^2$ ─///─ 8 숫자 방기의 보기 : ──── 1.6 × 5 / 5.5 × 1
		(5) 케이블의 굵기 및 선심수(또는 쌍수)는 다음과 같이 기입하고 필요에 따라 전압을 기입한다. 보기 : 1.6[mm] 3심인 경우 ──── 1.6 − 3C 0.5[mm] 100쌍인 경우 ──── 0.5 − 100P 다만, 시방서 등에 케이블의 굵기 및 선심수가 명백한 경우는 기입하지 않아도 좋다.
		(6) 전선의 접속점은 다음에 따른다. ━●━
		(7) 배관은 다음과 같이 표시한다. ─//─ 1.6(19) 강제 전선관인 경우 ─//─ 1.6(VE 16) 경질 비닐 전선관인 경우 ─//─ 1.6(F_2 17) 2종 금속제 가요전선관인 경우 ─//─ 1.6(PF 16) 합성수지제 가요관인 경우 ─C─ (19) 전선이 들어있지 않은 경우
		(8) 플로어 덕트의 표시는 다음과 같다. 보기 : - - - - - (F7) - - - - - (FC6) 정크션 박스를 표시하는 경우는 다음과 같다. - - - -◎- - -

		(9) 금속 덕트의 표시는 다음과 같다. MD
		(10) 금속선 홈통의 표시는 다음과 같다. 1종 ---------- 2종 ---------- MM_1 MM_2
		(11) 라이팅 덕트의 표시는 다음과 같다. □---------- ---□----- LD LD □는 피드인 박스를 표시한다. 필요에 따라 전압, 극수, 용량을 기입한다. 보기 : □---------- LD125V 2P 15A
		(12) 접지선의 표시는 다음과 같다. 보기 : ―――――― E 2.0
		(13) 접지선과 배관을 동일관 내에 넣는 경우는 다음과 같다. 보기 : ―///――――/―― 2.0(25) E 2.0
		(14) 케이블의 방화구획 관통부는 다음과 같이 표시한다. 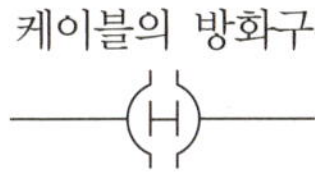
		(15) 정원등 등에 사용하는 지중매설배선은 다음과 같다. ――-――-――
		(16) 옥외배선은 옥내배선의 그림기호를 준용한다.

2) 배선도의 의미

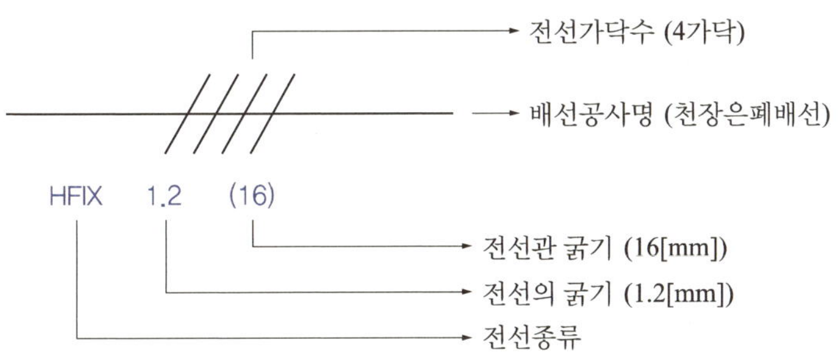

그림 9-5 배선의 의미

위 배선도가 나타내는 의미는 16[mm] 후강전선관에 1.2[mm] 저독성 난연 가교 폴리올레핀 절연전선 4가닥을 넣어 천장에 은폐배선 한다는 것이다.

표 9-3 전선의 종류

약 호	명 칭	최고허용온도
IV	600[V] 비닐절연전선	60[℃]
OW	옥외용 비닐절연전선	
DV	인입용 비닐절연전선	
HIV	600[V] 2종 비닐절연전선	75[℃]
CV	가교폴리에틸렌 절연비닐 외장케이블	90[℃]
MI	미네랄 인슐레이션 케이블	
FP	내화케이블	-
HP	내열전선	
GV	접지용 비닐전선	
E	접지선	

예제 9-1 다음 도면에서 그림과 같이 되어 있을 때 이 배선표시가 의미하는 내용을 다음에 의하여 답하시오.

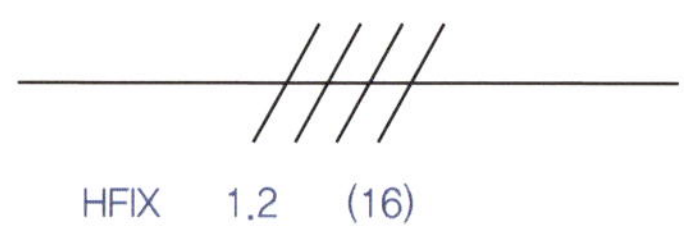

(1) 배선공사는 어떻게 하여야 하는가?

(2) 배선공사의 종류를 구체적으로 답하고, 그 관의 굵기를 쓰시오.

(3) 전선의 종류, 굵기 및 그 가닥수는?

풀이 (1) 천장은폐배선

(2) ① 배관공사의 종류 : 후강전선관 공사

② 관의 굵기 : 16[mm]

(3) ① 전선의 종류 : 저독성 난연 가교 폴리올레핀 절연전선

② 전선의 굵기 : 1.2[mm]

③ 전선 가닥수 : 4가닥

(5) 저압전로의 절연저항

전선과 전선, 전선과 대지의 절연이 불충분하면 누설전류로 인한 화재사고, 감전사고, 전력 손실 등이 발생할 수 있으므로 아래 표와 같은 절연저항값 이상이 되도록 유지 관리하여야 한다.

표 9-4 절연저항

전로의 사용 전압 구분		절연저항값
400[V] 미만	대지전압 150[V] 이하의 경우	0.1[MΩ] 이상
	대지전압 150[V]를 넘고 300[V] 이하의 경우	0.2[MΩ] 이상
	대지전압 300[V]를 넘고 400[V] 이하의 경우	0.3[MΩ] 이상
400[V] 이상		0.4[MΩ] 이상

(6) 접지공사

접지는 어떤 대상물을 대지와 전기적으로 연결하는 것으로, 접지공사는 일반 전기설비, 전화설비, 위험물설비 및 소방설비 등의 도전부와 땅속에 묻은 접지 극을 전선으로 연결하는 것을 말한다.

1) 접지의 종류 및 목적

① **계통접지(전로접지)**

(ㄱ) 종류

직접접지, 저항 접지, 비접지, 소호리액터 접지

(ㄴ) 목적

㉮ 직접접지 : 1선 지락 시 대지 전위의 상승을 억제하고, 보호계전기의 동작을 확실하게 하기 위함이다.

㉯ 소호리액터 접지 : 안전정도를 향상 시키고 지락전류를 소멸하기 위함이다.

② **기기(기계·기구) 등의 외함 접지**

(ㄱ) 구분

㉮ 고압 및 특고압은 제1종 접지공사를 한다.

㉯ 변압기 2차측 1단자(300[V] 이하) 및 중성점에는 제2종 접지공사를 한다.

㉰ 400[V] 미만은 제3종 접지공사를 한다.

㉱ 400[V] 이상 저압회로는 특별 3종 접지공사를 한다.

(ㄴ) 접지의 목적

㉮ 감전사고 예방

㉯ 화재사고 예방

㉰ 기기의 손상방지 및 절연파괴 방지

㉱ 변압기 고압 및 저압 혼촉시 저압측 전위상승을 억제하여 계통의 기계·기구의 절연보호

2) 접지저항의 3요소

① 접지선과 접지전극의 저항

② 접지전극 표면과 토양 사이의 접촉저항

③ 전극주변 토양의 저항

3) 접지공사의 종류 및 저항값

① **제1종 접지**

제1종 접지의 공사별 용도는 다음과 같다.

(ㄱ) 특고압 계기용 변성기의 2차측 전로

(ㄴ) 고압전로에 시설하는 피뢰기

(ㄷ) 고압용 기계기구의 철대 및 금속제 외함

② **제2종 접지**

(ㄱ) 고압 및 특별고압 전로와 저압전로를 결합하는 변압기 저압측의 중성점 또는 1단자

(ㄴ) 고압 및 특별고압 전로와 저압전로를 결합하는 변압기에서 고압 및 특별고압 권선과 저압 권선사이에 설치하는 금속제 혼촉 방지판

③ **제3종 접지공사**

400[V] 이하인 저압용 전기기기의 철대나 외함에 누전이 발생하였을 경우, 감전의 위험성을 감소시키기 위하여 실시하는 접지공사이다.

④ **특별 제3종 접지공사**

400[V]를 초과하는 저압용 기기의 철대나 외함에 누전이 발생하여 감전의 위험이 큰 경우에 실시하는 접지공사이다.

표 9-5 접지공사의 종류

접지공사의 종류	접지 저항치	접지선의 굵기
제1종 접지	10[Ω] 이하	2.6[mm] 이상
제2종 접지	$\frac{150}{\text{1선 지락전류}}$[Ω] 이하	• 고압, 특고압이 저압과 혼촉 : 4[mm] 이상 • 고압, 특고압 가공전선로의 전로와 저압 전로를 변압기에 의하여 결합하는 경우 : 2.6[mm] 이상
제3종 접지	100[Ω] 이하	1.6[mm] 이상
특별 제3종 접지	10[Ω] 이하	1.6[mm] 이상

3 비상전원설비

상용전원이 정전되었을 때 피해가 클 수 있으므로 이를 보완하기 위하여 비상전원설비가 필요하다. 또한, 소방법, 건축법에 비상전원의 설비를 의무화하고 있으며 비상전원은 다음의 것을 말한다.

- 수용장소에 시설하고 상용전원이 정전시 비상용 예비전원, 보안용 전원, 업무용 전원
- 소방설비 등의 전원으로 상용전원의 정전시 사용하는 비상전원
- 비상 조명장치, 배연설비, 비상 인입구의 등화, 비상 배수설비, 비상 엘리베이터, 방화셔터 등의 전원으로 상용전원의 정전 시 사용하는 전원

전원의 종류는 다음과 같다.

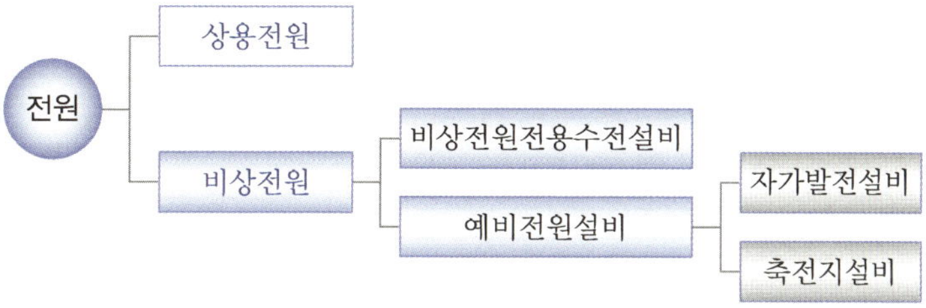

(1) 자가발전설비

발전기는 기동하는데 일정한 시간이 필요하므로 발전기가 정격전압을 확보할 때까지 순시동력을 위해 축전지설비를 사용하나 장시간 부하에 전원을 공급할 경우에는 발전기 전원을 이용하여야 한다.

발전기의 종류는 디젤발전기, 가스 터빈발전기 등이 있으며 과거에는 디젤발전기가 주로 사용되어 왔으나 근래에는 고품질 전기를 요하는 병원, 전산센터, 반도체 공장 등에서는 가스 터빈발전기의 사용이 증가하고 있다.

1) 교류 발전기의 출력

발전기 출력은 부하의 종류와 용량을 산정하고 미래계획을 고려하여 결정한다. 다음과 같은 방식에 의해 산출한 값 중 최대용량의 것으로 선정한다.

① 단순한 부하

단순한 부하인 경우는 다음 식과 같이 발전기에 걸리는 부하의 총합계에 부하율, 수용률 또는 여유율을 곱한 값으로 한다.

$$\text{발전기용량 [kVA]} \geq \text{부하설비의 합계} \times \text{수용률} \times \text{여유율}$$

이 때 적용되는 수용률은, 용량이 최대인 전동기 1대에 대해서는 100[%]로 적용하고, 기타 동력은 80[%]로 적용하며, 전등은 발전기회로에 접속되는 전 부하에 대해서 100[%]를 적용한다.

② 기동용량이 큰 부하

기동용량이 큰 부하가 있는 경우는 유도 전동기의 기동전류는 계통 전원인 때에는 전원용량이 크기 때문에 별로 문제 될 것이 없지만, 예비 발전기인 경우에는 전동기를 기동할 때에 큰 부하가 갑자기 발전기에 걸리게 되므로 전원의 단자전압이 순간적으로 저하하여 접촉자가 개방되거나, 엔진이 정지하는 등의 사고를 유발하기도 한다. 이러한 사고를 예방할 수 있는 발전기의 정격은 다음 식과 같다.

$$\text{발전기용량 [kVA]} \geq \left(\frac{1}{\text{허용전압강하}} - 1\right) \times X_d \times \text{기동용량 [kVA]}$$

여기서, X_d : 발전기의 과도 리액턴스

(2) 축전지설비

예비전원으로서의 축전지설비는 상용전원이 정전되었을 때 자가용 발전설비가 시동하여 정격전압을 확보할 때까지 중간전원으로서 사용되는 경우가 많다. 소방설비 중 경보설비에서는 축전지설비만 인정하므로 방재전원으로서 중요하다.

축전지설비는 축전지, 충전장치, 보안장치, 제어장치 등으로 구성되며 경제적이고 보수가 용이하다.

1) 전지의 종류

화학에너지를 전기에너지로 변환해서 외부회로에 전기를 공급하는 장치를 전지라 하며 1차 전지와 2차 전지가 있다.

2차 전지는 축전지이며, 전기에너지를 화학에너지로 변환해서 저장하고 필요에 따라 전기에너지를 사용할 수 있는 전기에너지 저장장치이다.

표 9-6 2차 전지의 특성

구 분		납축전지	알칼리축전지
기전력		약 2.05~2.08[V/셀]	1.32[V/셀]
공칭전압		2.0[V/셀]	1.2[V/셀]
셀 수		100[V]에 대해 42~55개	100[V]에 대해 80~85개
전기적 강도		과충·방전에 약하다.	과충·방전에 강하다.
충전시간		길다.	짧다.
수 명		10~20년	30년 이상
정격용량		10시간 방전	5시간 방전
가 격		싸다.	비싸다.
용 도		장시간, 일정전류 부하에 적당	단시간, 대전류 부하에 적당
작용물질	양극	이산화납(PbO_2)	수산화니켈(NiOH)
	음극	납(Pb)	카드뮴(Cd)
	전해액	황산(H_2SO_4)	수산화칼륨(KOH)
반응식	(충전)	$PbO_2 + 2H_2SO_4 + Pb$	$2Ni(OH)_3 + 2H_2O + Cd$
	(방전)	$PbO_2 + 2H_2SO_4 + PbSO_4$	$2Ni(OH)_2 + Cd(OH)_2$

2) 축전지의 용량 산출

① 산출에 필요한 조건

축전기 용량을 산출하기 위하여 다음 사항을 고려한다.

(ㄱ) 방전시간과 방전전류

방전시간 : 예상되는 최대 부하시간

방전전류 : 방전개시부터 종료 시까지 부하전류의 크기와 그 시간경과에 따른 변화를 확인한다.

$$\text{방전전류}\,[\mathrm{A}] = \frac{\text{부하용량}\,[\mathrm{VA}]}{\text{정격전압}\,[\mathrm{V}]}$$

(ㄴ) 보수율

보수율이란 축전지의 용량저하를 고려하여 축전지의 용량 산정시 여유를 주는 보정치로서 보통 0.8을 사용하고 있다.

(ㄷ) 허용최저전압

축전지의 허용최저전압은 부하측 기기에서 요구되는 최저전압 중의 최고치에 축전지와 부하 간의 접속선의 전압강하를 합한 값이 된다. 허용최저전압 V는 다음 식과 같다.

$$V = \frac{V_a + V_c}{n}\,[\mathrm{V/cell}]$$

여기서, V_a : 부하의 허용최저전압[V]

V_c : 축전지와 부하간의 총 전압강하[V]

n : 직렬로 접속한 셀의 수

② **축전지의 용량**

(ㄱ) 시간적으로 누적되어 증가하는 부하

그림 9-6과 같이 시간의 경과에 따라 방전전류가 증가하는 부하의 경우 축전지 용량 산정은 다음 식을 이용 전 구간을 일괄 계산한다.

$$C = \frac{1}{L}\{K_1 I_1 + K_2(I_2 - I_1) + K_3(I_3 - I_2)\}\,[\mathrm{Ah}]$$

여기서, C : 25[℃]에서의 정격 방전율 환산용량[Ah]

K : 방전시간[h]

L : 보수율(축전지 용량 변화의 보정값)

I : 방전전류[A]

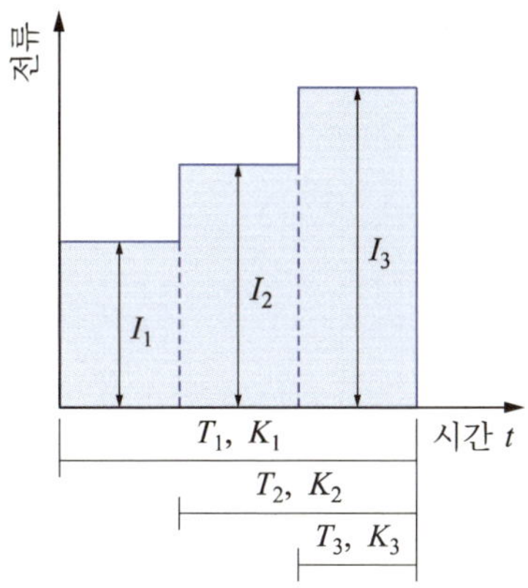

그림 9-6 방전전류가 증가하는 경우

(ㄴ) 시간에 따라 순차기동 되는 부하 계산

$$C = \frac{1}{L}\{K_1I_1 + K_2I_2 + K_3I_3\}\ [\mathrm{Ah}]$$

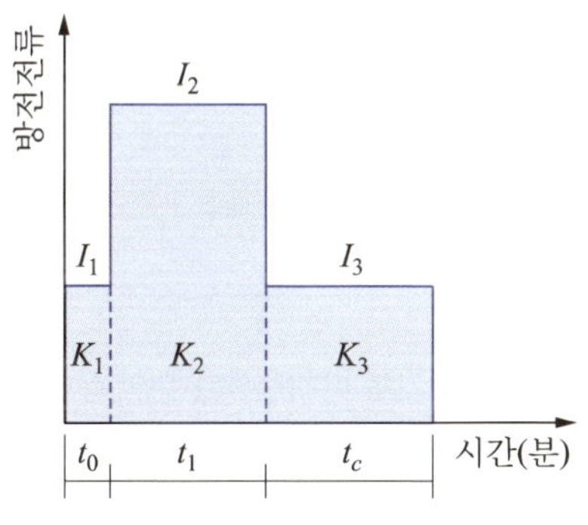

그림 9-7 순차기동 부하

(ㄷ) 시간 경과와 함께 방전전류가 감소하는 부하

시간 경과와 함께 방전전류가 감소하는 부하의 축전지 용량 계산방법은 각 구간별로 구분 계산 후 C_A, C_B, C_C 중에서 제일 큰 값을 선정한다.

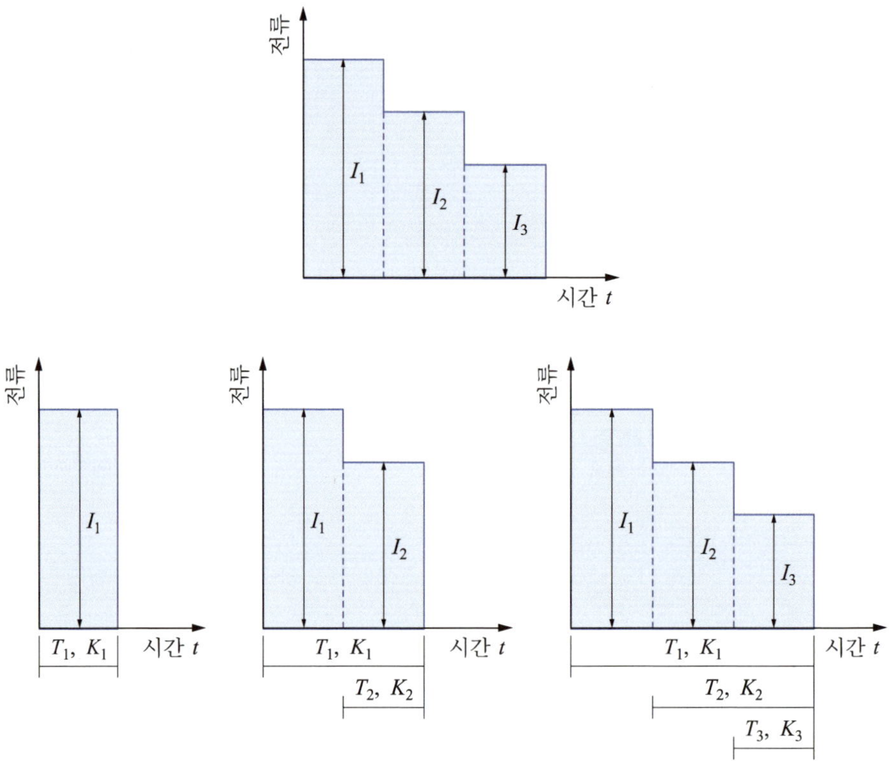

$C_A = \frac{1}{L} K_1 I_1$ $\quad C_B = \frac{1}{L}[K_1 I_1 + K_2(I_2 - I_1)]$ $\quad C_C = \frac{1}{L}[K_1 I_1 + K_2(I_2 - I_1) + K_3(I_3 - I_2)]$

그림 9-8 방전전류가 감소하는 경우

예제 9-2 자동화재탐지설비 수신기의 부하전류가 아래와 같을 때 필요한 예비전원의 용량을 계산하고 계산결과에 따른 적합한 축전지의 용량을 구하시오.

[조건]

- 평상시 화재 수신기의 감지전류 : 3.6A
- 화재 수신기가 화재신호를 수신하여 정상 작동시 부하전류 : 5.5A
- 보수율 0.8, 용량환산시간 1.2

풀이 $C = \frac{1}{L}\{K_1 I_1 + K_2(I_2 - I_1)\}$ [Ah]

$C = \frac{1}{0.8}\{(1.2 \times 3.5 + 1.2(5.5 - 3.5)\} = 8.25 \fallingdotseq 10[\mathrm{Ah}]$

예제 9-3 40[W] 120개, 60[W] 50개의 비상조명등이 있다. 방전시간은 30분, 연축전지 HS형 54셀(Cell), 허용최저전압 90[V]일 때 소요 축전지의 용량을 구하시오. (단, 부하의 정격전압 100[V], 연축전지 보수율 0.8, 방전시간 30분일 때의 용량환산시간 K는 축전지 공칭전압 1.6[V]일 경우 K= 1.1, 1.7[V]일 경우 K= 1.22, 1.8[V]일 경우 K= 1.54로 한다.)

풀이 ① $P = VI, \quad I = \dfrac{P}{V}$

$$I = \frac{\{(40\times 12)+(60\times 50)\}}{100} = 78[\mathrm{A}]$$

② 방전종지전압 : $\dfrac{90}{54} = 1.67 \fallingdotseq 1.7[\mathrm{V}]$

③ $C = \dfrac{1}{L}\{K_1 I_1\}[\mathrm{Ah}] = \dfrac{1}{0.8}\times 1.22\times 78 = 118.95[\mathrm{A}]$

③ 충전방식

축전지의 충전에는 보통충전, 급속충전, 부동충전, 균등충전, 전자동충전방식 등이 있다.

(ㄱ) 보통충전

필요할 때마다 표준 시간율로 소정의 충전을 하는 방법이다.

(ㄴ) 급속충전

비교적 단시간에 보통 충전전류의 2~3배의 전류로 충전하는 방법이다.

(ㄷ) 부동충전

충전장치를 축전지와 부하에 병렬로 접속하고, 축전지의 자기방전을 보충함과 동시에 직류부하에 대한 전원공급을 충전기가 부담하고, 충전기가 부담하기 어려운 일시적인 대전류 부하는 축전기가 부담하도록 하는 방식으로서 정전 시에는 축전지에서 부하 전류를 공급한다.

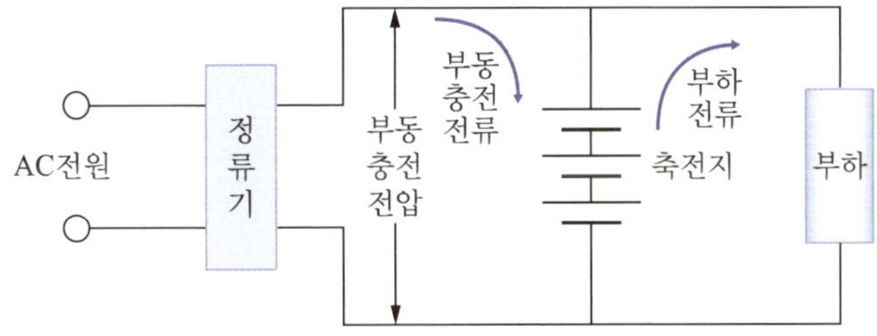

그림 9-9 부동충전회로

(ㄹ) 균등충전

전지를 장시간 사용하는 경우에는 각 전해조에 전위차가 발생하고, 이러한 현상을 방지하기 위하여 1～3개월마다 1회 정전압으로 10～12시간 충전하여 각 전해조의 전위를 균일화하기 위한 방법이다.

(ㅁ) 세류충전(트리클 충전)

전지를 장기간 보존하게 되면 자기방전에 의해 용량이 감소하게 되는데, 이를 보충하기 위해 부하를 끈 상태에서 미소 전류로 충전한다. 충전방식에는 일정한 전류를 계속하여 공급해 주는 정전류법(트리클 충전), 일정한 전압을 계속하여 공급하는 정전압법이 있다.

(ㅂ) 전자동충전

정전압충전의 초기에 대전류가 흐르는 결점을 보완하여 일정 전류 이상은 흐르지 않도록 자동전류제한장치를 부착하여 충전하는 방법이다. 정전류와 정전압 기능이 있고, 충전이 끝나면 자동으로 균등충전으로 변환한다.

④ **충전방법**

(ㄱ) 정전류충전

일정한 전류로 충전하는 것으로 충전기나 온도 등 외부적 영향을 받지 않기 때문에 고장조사나 용량시험 이전의 충전에 이용되고 있다.

(ㄴ) 정전압충전

일정한 전압을 인가해서 충전하는 것으로 초기에 전류가 매우 커서 충전장치가 대용량으로 된다. 따라서 경제성이 떨어지며, 충전 말기로 되면 충전전류는 감소하게 된다.

(ㄷ) 준정전압충전

정격용량의 약 1/4의 전류로 충전하면 전지전압 상승에 따라 천천히 전류는 감소한다. 그 후 일정한 전압에 달하므로 일정시간 후 자동으로 충전 완료된다.

(ㄹ) 정전류 정전압충전

전지전압이 일정 값에 도달할 때까지는 정격용량의 약 1/4 전류로 충전하고, 계속해서 일정 전압을 유지하여 충전을 완료한다. 1대의 충전기로 병렬충전이 가능하다.

(ㅁ) 단별충전

정전류충전을 2～3번의 단계로 변화시켜서 충전하는 방법으로 충전시간을 단축시킬 수 있다.

⑤ **충전지 2차 전류**

$$I = \text{충전전류} + \text{부하전류} = \frac{\text{축전지 정격전류}}{\text{축전지 공칭용량}} + \frac{\text{상시부하}}{\text{표준전압}}$$

⑥ **알칼리 축전지의 장단점**

(ㄱ) 장점

㉮ 충전시간이 짧다.

㉯ 기계적 강도가 강하다.

㉰ 과충·방전에 강하다.

㉱ 온도특성이 양호하다.

㉲ 수명이 길다.

(ㄴ) 단점

㉮ 가격이 고가이다.

㉯ 단자전압이 낮다.

⑦ **무정전전원공급장치(Uninterruptible Power Supply : UPS)**

UPS는 전원에서 발생되는 각종 장애(전압변동, 주파수변동)로부터 기기를 보호하고 양질의 전원으로 바꿔서 중요부하에 정전 없이 주어진 방전시간 동안 연속적으로 공급해 주는 정지형 CVCF(Constant Voltage Constant Frequency) 전원 장치이다.

(ㄱ) 정류기/충전부

한전의 교류 전원이나 발전기 전원을 공급받아 직류 전원으로 바꾸어 주는 동시에 축전지를 양질의 상태로 충전한다.

(ㄴ) 인버터부(Inverter)

직류 전원을 양질의 교류 전원으로 바꾸어 주는 장치

(ㄷ) 동기절체 스위치부(bypass static S/W)

인버터부의 과부하 및 이상시 예비 상용전원으로 절체 시켜주는 스위치부

(ㄹ) 축전지(Battery)

정전시 인버터부에 직류 전원을 공급하여 부하에 일정 시간동안 무정전으로 전원을 공급하는데 필요한 설비이다.

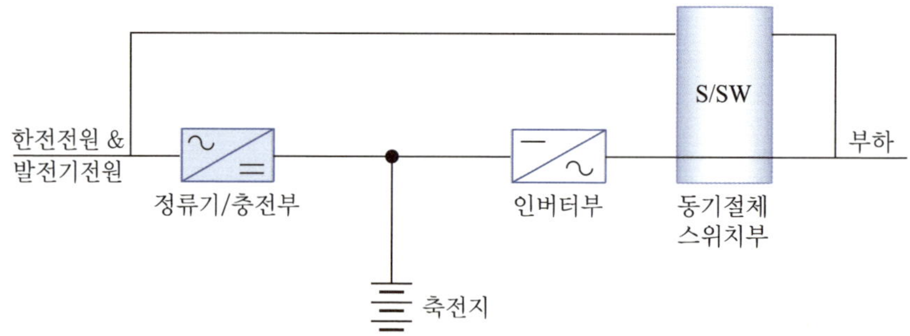

그림 9-10 UPS 구성도

4 정류

가정용 전기는 교류라고 알고 있지만 전기기구 중에는 교류와 직류를 겸용하는 것이 많다. 이때는 전원 콘센트에 직접 접속하지 않고 AC 어댑터를 사용한다. 이 AC 어댑터는 교류 220V 전원에서 낮은 전압의 직류를 만들어내는 장치이다. 이와 같이 교류를 직류로 바꾸는 것을 정류라 한다. 교류를 직류로 정류하기 위해서는 정류회로가 필요하다.

정류회로에는 다이오드나 수은 정류기를 사용한다. 이것들은 전류가 어느 일정한 방향으로만 흐르고, 반대 방향으로는 흐르지 않는 성질을 갖고 있다.

(1) 단상 반파 정류회로

이 회로는 입력 교류파형의 반 사이클만 통과시키고 다른 반 사이클은 정류기로 저지하는 회로로서 가장 간단한 것이다. 정류된 파형은 직류와는 달라 많이 사용하지 않는다.

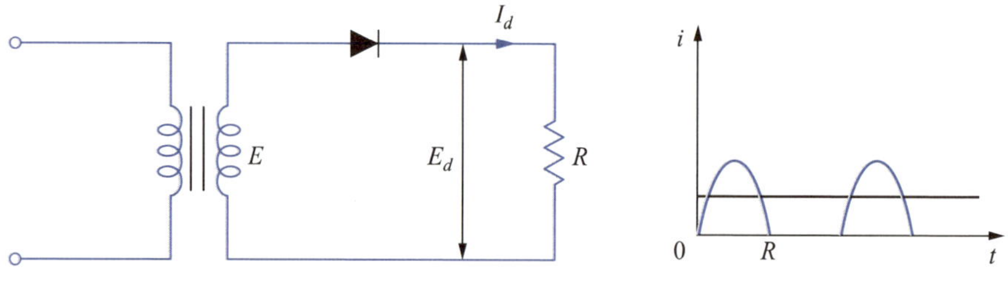

그림 9-11 단상 반파 정류회로

(2) 단상 전파 정류회로

2개의 다이오드를 사용하여 교류의 (+)와 (−)의 전 주기를 정류하는 전파 정류회로를 나타낸 것이다.

양(+)의 반주기 동안은 D_1이 도통되고, 음(−)의 반주기 동안은 D_2가 도통되어 부하 저항 R_L에는 전 주기에 대한 모든 파형이 출력된다. 따라서 정류 효율도 반파 정류회로보다 더 좋다.

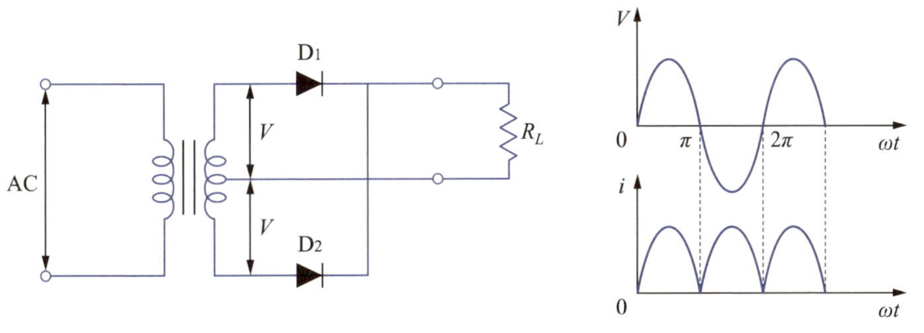

그림 9-12 단상 전파 정류회로

(3) 브리지형 전파 정류회로

이 회로는 다이오드 4개를 사용하여 그림 9-13과 같이 구성한다.

(+)의 반주기 동안은 D_2, D_3가 도통되고, (−)의 반주기 동안은 D_1, D_4가 도통된다. 브리지 정류회로는 변압기의 중간 탭을 사용하지 않아도, 전파 정류회로의 결과를 얻을 수 있어서 많이 사용된다.

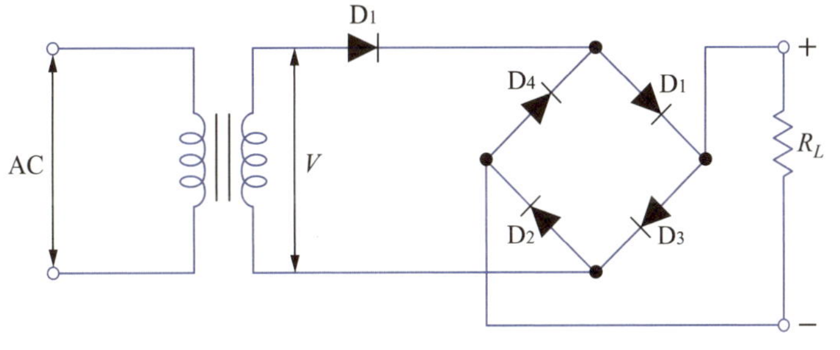

그림 9-13 브리지형 정류회로

이와 같이 교류의 +와 −의 양 성분을 정류하는 것을 전파정류라 한다.

5 전동기의 용량과 역률 개선

(1) 전동기의 용량 산정

전동기 배선을 하려면 먼저 전동기의 용량[kVA]을 알아야 한다. 전동기 용량의 산정 기준은 다음에 의한다.

1) 펌프용 전동기 용량 산정

$$P = \frac{1000 \times Q \times H}{102\eta} K = \frac{9.8 \times Q \times H}{\eta} K \,[\text{kW}]$$

여기서, P : 전동기 용량[kW]
Q : 양수량[m^3/s]
H : 전양정[m]
K : 비례상수
η : 펌프 효율(0.3∼0.8)

2) 송풍기용 전동기 용량 산정

$$P = \frac{Q \times H}{102\eta} K$$

여기서, P : 전동기 용량[kW]
Q : 풍량[m^3/s]
H : 풍압[mmHg]
K : 비례상수
η : 송풍기 효율(0.3∼0.7)

(2) 역률 개선

유도 전동기는 역률이 나쁘므로 이를 개선하기 위하여 콘덴서를 부하와 병렬로 접속하여 역률을 개선하는데 이러한 콘덴서를 역률 개선용 콘덴서 또는 진상용 콘덴서라고 한다.

$$Q_c = P(\tan\theta_1 - \tan\theta_2) = P\left(\frac{\sin\theta_1}{\cos\theta_1} - \frac{\sin\theta_2}{\cos\theta_2}\right)[\text{kVA}]$$

여기서, Q_c : 콘덴서의 용량[kVA]

P : 유효전력[kW]

$\cos\theta_1$: 개선 전 역률

$\cos\theta_2$: 개선 후 역률

$\sin\theta_1$: 개선 전 무효율 ($\sin\theta_1 = \sqrt{1-\cos^2\theta_1}$)

$\sin\theta_2$: 개선 후 무효율 ($\sin\theta_2 = \sqrt{1-\cos^2\theta_2}$)

(3) 콘덴서회로의 주변기기

1) 방전코일(DC : Discharge Coil)

전원투입시 과전압으로부터 보호하고, 잔류전하를 방전시켜 인체의 전격을 방지하기 위한 목적으로 사용된다.

2) 직렬리액터(SR : Series Reactor)

대용량 콘덴서를 설치하면 고주파 전류가 흘러 파형이 일그러지는데 이 파형을 개선(제5고조파의 제거)하기 위해 전력용 콘덴서와 직렬로 리액터를 설치한다. 즉 직렬리액터의 설치 목적은 5고조파를 제거하여 파형을 개선하기 위하여 설치한다.

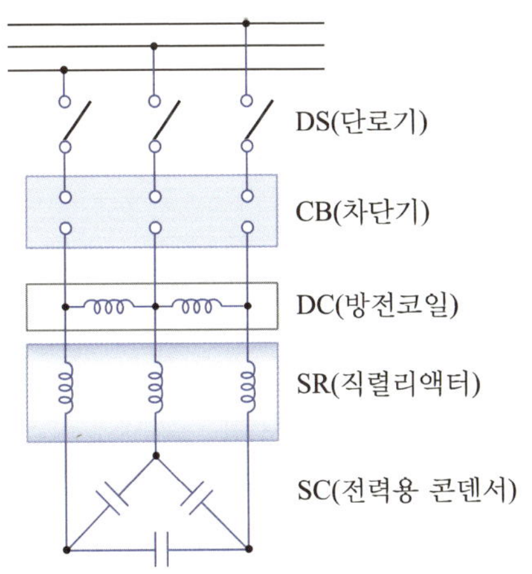

그림 9-14 콘덴서회로 주변기기

3) 전력용 콘덴서(SC : Static Condenser)

진상용 콘덴서라고도 부르며 부하에 병렬로 연결시켜 역률을 개선한다.

연습문제

01 방재반에서 100[m] 떨어진 곳에 솔레노이드에 의해 동작하는 일제 살수식 델루지 밸브가 있다. 솔레노이드 작동 전류는 1[A]이고, 선로의 단면적은 5.5[mm^2]이다. 솔레노이드가 동작할 때 선로의 전압강하를 구하시오 (단, 전선은 표준 연동선이다).

02 분전반에서 150[m] 떨어진 거리에 220[V], 60[W] 유도등 15개를 설치하려고 한다. 전선의 최소 굵기를 구하시오 (단, 전선은 표준 연동선이며 단상 2선식이고 전압강하는 2[%]이다).

03 접지공사의 목적과 종류에 대해 설명하시오.

04 축전지 용량 산정시 보수율이란?

05 충전방식 5가지에 대해 설명하시오.

06 방전코일의 사용목적에 대해 설명하시오.

07 직렬리액터 사용목적에 대해 설명하시오.

08 무정전전원공급장치란 무엇인가?

09 양수량이 20,000[lpm], 총 양정이 20[m], 펌프 효율 70[%], 여유계수 1.25인 펌프용 전동기의 용량을 구하시오.

CHAPTER 10

전기안전

1 감전

감전(electric shock)이란 인체를 통하여 전기가 흘러 인체가 충격을 받는 현상이다. 감전 시 인체의 위험성은 통전 전류의 크기, 통전 시간, 통전 경로, 전원의 종류 등과 접촉 부위의 물리적 상황, 신체조건 등에 따라 많은 영향을 받는다.

(1) 전격에 영향을 주는 요인

1) 통전 전류

통전 전류는 감전 시 전격에 가장 큰 영향을 주는 요인이다.

우리가 사용하는 60[Hz] 교류 전원에서의 통전 전류와 인체의 반응은 표 10-1에 있다.

표 10-1 통전 전류와 인체의 반응

통전 전류[mA]	0.5～1	7～8	10～15	$\frac{165}{\sqrt{t}}$
신체 영향	감지전류	고통한계전류	불수전류	심실세동전류

2) 통전 경로의 영향

인체가 감전되었을 때의 영향은 전류가 흐르는 경로에 따라 위험성이 다르다. 전류가 심장 주위를 통과할 때 가장 위험하다.

표 10-2 통전 경로별 위험도

통전 경로	위험도	통전 경로	위험도
왼손 - 가슴	1.5	오른손 - 한발 또는 양발	0.8
오른손 - 가슴	1.3	왼손 - 등	0.7
왼손 - 한발 또는 양발	1.0	왼손 - 오른손	0.4
양손 - 양발	1.0	오른손 - 등	0.3

3) 전원의 질

전원은 직류보다 교류가 더 위험하고 주파수가 높은 경우보다는 저주파 영역에서 더욱더 위험하다.

감전은 전압의 크기보다는 통전되는 전류에 의한 영향이 더 중요하다. 전압이 높아질수록 직접적인 위험보다는 쇼크로 인한 2차 재해가 더 위험하다.

4) 통과 시간

전격에 의한 위험은 통전 시간에 비례하여 증가하게 된다.

통전 시간이 경과함에 따라 통전 경로에 열에너지가 축적되어 인체 내부 조직의 괴사가 증가되거나 심장 근육과 같은 신경회로에 손상을 입히는 경우에는 더욱 치명적일 수 있다.

5) 인체 감전조건

감전된 인체의 저항조건은 감전전류의 크기를 결정하는 가장 중요한 요인이다.

인간의 피부는 건조한 경우와 습기에 젖어 있는 경우, 피부저항이 100배 이상 차이가 발생하게 되어 전격으로 인한 상해의 직접적인 원인이 된다.

6) 주변 환경

감전사고가 충전부에 접촉된 상태와 대지면에 접촉한 상태, 자연 기후조건 등 외부의 환경 요인에 따라 매우 다르게 나타난다.

(2) 통전 전류의 세기 및 그에 따른 영향

1) 통전 전류와 인체반응

① **최소 감지전류**

고통을 느끼지 않으면서 찌릿하게 전기가 흐르는 것을 감지할 수 있는 최소 전류로 상용주파수 60[Hz]에서 성인 남자의 경우 1[mA]이다.

② **고통한계전류(가수전류, 이탈전류)**

통전 전류가 최소 감지전류보다 커지면 어느 순간부터 고통을 느끼게 되지만 이것을 참을 수 있는 전류이다. 이 전류에서는 인체가 자력으로 이탈 가능한 전류로 상용주파수 60[Hz]에서 성인 남자의 경우 7～8[mA]이다.

③ **마비한계전류(불수전류, 교착전류)**

통전 전류가 고통한계전류보다 커지면 인체 각부의 근육이 수축현상을 일으키고 신경이 마비되어 신체를 자유로이 움직일 수 없는 전류이다. 또한 인체가 자력으로 이탈 불가능한 전류로 상용주파수 60[Hz]에서 성인 남자의 경우 10～15[mA]이다.

④ **심실세동전류**

심근의 미세한 진동으로 혈액을 송출하는 펌프의 기능이 장애를 받는 현상을 심실세동이라 한다. 심실세동상태가 되면 전류를 제거해도 그대로 두면 수분 내에 사망한다. 심실세동전류는 다음의 식으로 구한다.

$$I = \frac{165}{\sqrt{T}}\,[\mathrm{mA}]$$

여기서, 전류 I는 1,000명 중 5명 정도가 심실세동을 일으키는 값

(3) 감전사고의 형태

감전은 인체에 전류가 흐를 때 발생하는 것으로 충전부에 접촉되는 경우와 비충전부에 접촉되는 경우로 나누어 생각해 볼 수 있다.

1) 충전된 전선로에 인체가 접촉하는 경우

전선 등의 전기통로에 인체 등이 접촉되어 인체를 통해 지락전류가 흘러서 감전되는 경우로서, 전기 작업이나 일반작업 중에 발생하는 대부분의 감전사고가 여기에 속한다.

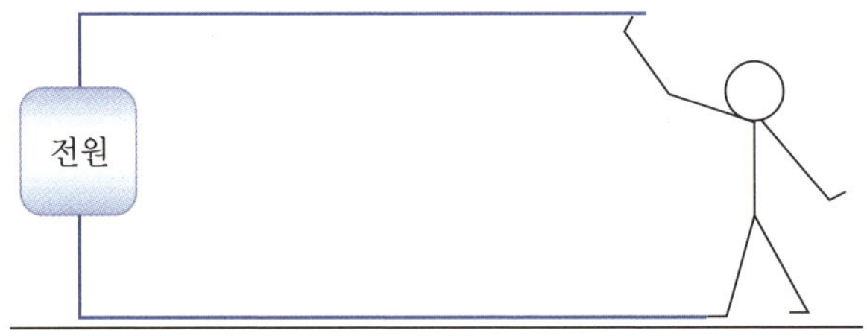

그림 10-1 충전된 전선로에 인체 접촉

2) 누전되는 전기기기에 인체가 접촉되는 경우

누전 상태에 있는 전기기기에 인체가 접촉되어 감전되는 경우로 절연불량의 전기기기 등에 인체가 접촉되어 발생하는 경우가 많고, 또 이러한 불량전기설비가 시설된 철구조물 등에 인체가 접촉되어 발생하는 경우도 있다.

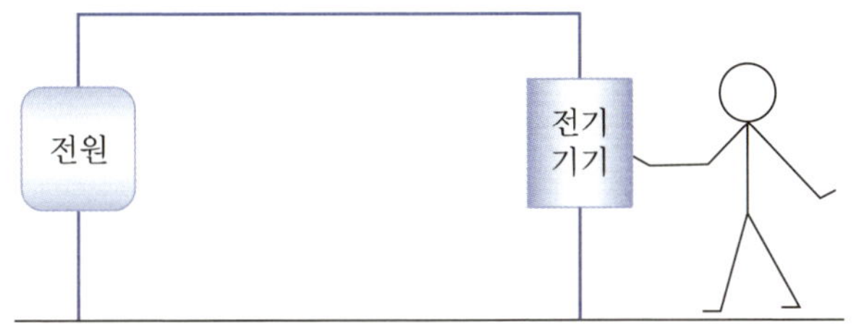

그림 10-2 누전된 전기 기기에 인체 접촉

3) 전기통로에 인체 등이 접촉

전기통로에 인체 등이 접촉되어 인체가 단락되거나 또는 단락회로의 일부를 구성하여 감전되는 경우이다. 예를 들면 전압이 걸려 있는 두 전선 사이에 인체가 직접 또는 도전성이 있는 물체를 통하여 접촉된 경우로서, 교류 아크 용접기에 의한 작업 중 발생하는 감전사고 등이 있다.

그림 10-3 전기통로에 인체 접촉

4) 절연파괴에 의한 전격

고전압의 전선로에 인체 등이 너무 가깝게 접근하여, 공기의 절연파괴현상이 일어나서 아크가 발생하여 화상을 입거나 인체에 전류가 흐르게 되는 경우이다.

그림 10-4 절연파괴에 의한 전격

5) 유도현상에 의한 전력

인체가 초고압 전선로에 근접하는 경우 인체에 유도 대전된 전하가 접지된 물체로 흘러서 감전되는 것으로, 주로 정전유도작용에 의해 발생하며 초고압의 전선로 주변에서 흔히 일어나는 현상이다. 이러한 현상은 적게는 짜릿한 느낌에서 사망재해까지도 발생한다.

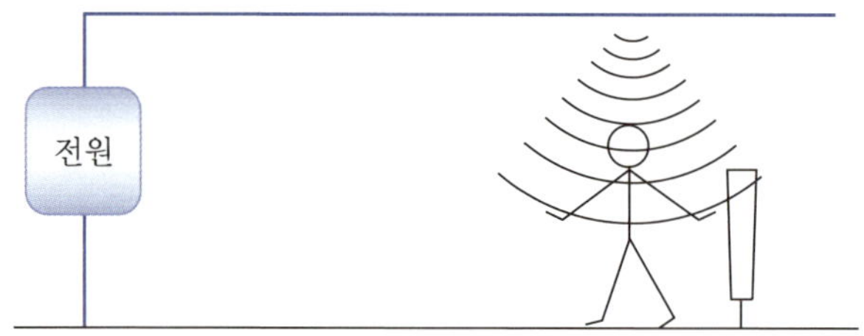

그림 10-5 유도현상에 의한 섬락

그 밖에 고전압 전선로에 인체가 근접하여 섬락이 발생한 경우 등이 있다.

(4) 감전사고 시의 조치사항

감전사고가 발생하였을 때 다음 사항을 조치하여야 한다.

1) 감전된 충전부나 기기의 공급 전원을 신속히 조치하여야 한다. 전원을 차단할 수 없을 때는 절연 장갑과 절연 장화를 착용하고 감전사고자를 위험지역에서 대피시킨다.
2) 감전에 의하여 호흡이 정지되었을 경우, 단시간 내에 기도를 확보하고 인공호흡 및 심장 마사지 등 응급조치를 실시한다.
3) 응급조치를 실시하는 동안 주변의 다른 사람은 구급차를 부르고 전기 담당자에게 연락하는 등의 조치를 한다.

(5) 감전사고 방지 대책

감전사고를 예방하기 위해서는 다음 사항에 유의하여야 한다.

1) 경고 표지가 있는 감전의 위험이 높은 장소에는 전기 담당자 이외에는 접근하지 않는다.
2) 누전 차단기를 설치한다. 누전 차단기는 월 1회 이상 시험 단추를 눌러 정상적으로 작동하는지 확인한다.
3) 가전제품 및 전기 기기를 설치할 때에는 반드시 접지공사를 한다.
4) 허용 전류에 맞는 전선을 사용하고 안전 수칙을 준수한다.

(6) 생활환경에서의 감전사고 예방

1) 젖은 손으로 전기 기구를 만지지 말아야 한다.
2) 전기 기구를 문어발식으로 사용하면 안 된다.
3) 어린이가 콘센트 구멍에 젓가락 등을 집어넣지 못하도록 안전장치를 한다.
4) 코드를 뺄 때에는 반드시 플러그의 몸체를 잡고 뺀다. 코드를 뺄 때 전선을 잡고 당기면 플러그 연결선이 끊어져 사고가 날 수 있다.
5) 세탁기나 모터 제품과 같은 전기 기기는 반드시 외함을 접지한 뒤 사용한다.
6) 끊어진 전력선에도 감전될 수 있으므로 주위에 접근하지 않도록 하고, 즉시 한국전력공사에 연락한다.
7) 고압 선로에는 접근하지 않으며, 건물 옥상 등 전력선 가까운 곳에서 낚싯대·안테나·도전성 막대의 접촉 또는 근접 시에는 감전사고의 위험이 있다.

APPENDIX A

기초 전기 수학

1 삼각함수

(1) 삼각비의 정의

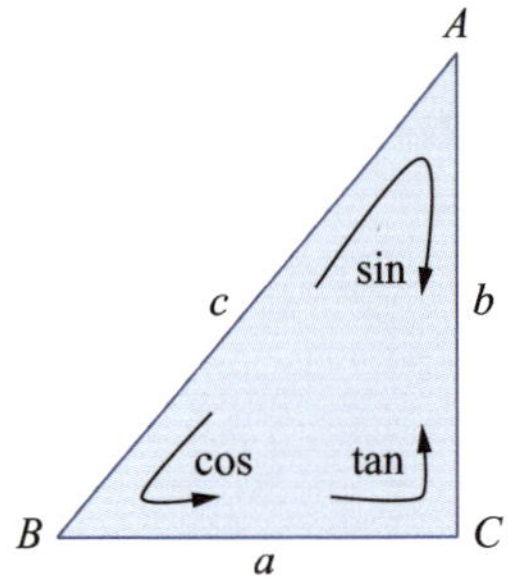

직각삼각형에서 한 예각(∠B)이 결정되면 임의의 2변의 비는 삼각형의 크기에 관계없이 일정하다. 이들 비를 그 각의 삼각비라 한다.

1) 사인(sine)

빗변에 대한 높이의 비

$$\sin B = \frac{\text{높이}}{\text{빗변}} = \frac{b}{c}$$

2) 코사인(cosine)

빗변에 대한 밑변의 비

$$\cos B = \frac{\text{밑변}}{\text{빗변}} = \frac{a}{c}$$

3) 탄젠트(tangent)

밑변에 대한 높이의 비

$$\tan B = \frac{\text{높이}}{\text{밑변}} = \frac{b}{a}$$

(2) 특수각의 삼각비

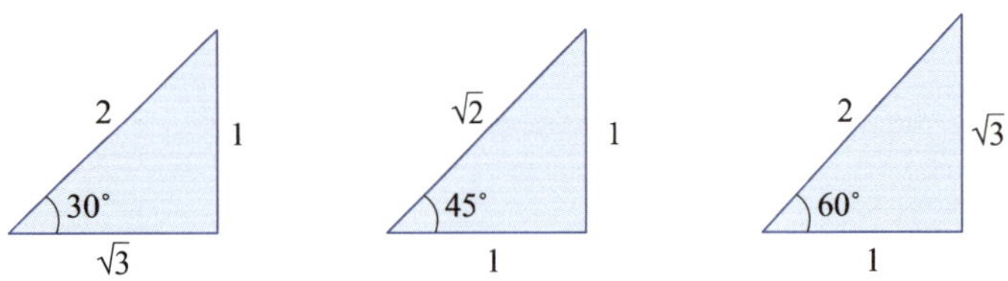

삼각비 θ	30°	45°	60°	90°
$\sin\theta$	1/2	$1/\sqrt{2}$	$\sqrt{3}/2$	1
$\cos\theta$	$\sqrt{3}/2$	$1/\sqrt{2}$	1/2	0
$\tan\theta$	$1/\sqrt{3}$	1	$\sqrt{3}$	∞

(3) 삼각비의 상호관계

1) 예각의 삼각비

① $\sin(90° - A) = \cos A$

② $\cos(90° - A) = \sin A$

③ $\tan(90° - A) = \dfrac{1}{\tan A}$

2) 보각의 삼각비

① $\sin(180° - A) = \sin A$

② $\cos(180° - A) = -\cos A$

③ $\tan(180° - A) = -\tan A$

3) 같은 각의 삼각비

① $\sin^2 A + \cos^2 A = 1$

② $\tan A = \dfrac{\sin A}{\cos A}$

③ $1 + \tan^2 A = \dfrac{1}{\cos^2 A}$

2 제곱근 계산

$a > 0,\ b > 0$일 때

$(\sqrt{a})^2 = a$ $\qquad \sqrt{a}\sqrt{b} = \sqrt{ab}$ $\qquad a\sqrt{b} = \sqrt{a^2 b}$

$\dfrac{\sqrt{b}}{\sqrt{a}} = \sqrt{\dfrac{b}{a}}$ $\qquad \dfrac{\sqrt{b}}{\sqrt{a}} = \dfrac{\sqrt{ab}}{a}$ $\qquad \dfrac{1}{\sqrt{a} + \sqrt{b}} = \dfrac{\sqrt{a} - \sqrt{b}}{a - b}$

$a > 0$일 때 $\sqrt{a^2} = a$, $\quad a < 0$일 때 $\sqrt{a^2} = -a$

3 대수의 법칙 (Rules of Algebra)

a, b, c가 임의의 실수라면 다음과 같은 대수 법칙이 성립한다.

(1) 덧셈의 교환법칙

$$a+b = b+a$$

(2) 덧셈의 결합법칙

$$a+(b+c) = (a+b)+c$$

(3) 곱셈의 교환법칙

$$ab = ba$$

(4) 곱셈의 결합법칙

$$a(bc) = a(bc)$$

(5) 분배법칙

$$a(b+c) = ab+ac$$

4 지수법칙

$$a^m a^n = a^{m+n} \qquad (a^m)^n = a^{mn} \qquad (ab)^m = a^m b^m$$

$$\frac{a^m}{a^n} = a^{m-n} \qquad a^{-n} = \frac{1}{a^n} \qquad a^0 = 1$$

5 곱셈 공식, 인수분해 공식

$$m(a+b-c) = ma+mb-mc \qquad (a+b)^2 = a^2+2ab+b^2$$

$$(a-b)^2 = a^2-2ab+b^2 \qquad (a+b)(a-b) = a^2-b^2$$

$$(x+a)(x+b) = x^2+(a+b)x+ab \qquad (ax+b)(cx+d) = acx^2+(bc+ad)x+bd$$

6 분수식

약분 : $\dfrac{bc}{ac} = \dfrac{b}{a}$

통분 : $\dfrac{b}{a} + \dfrac{d}{c} = \dfrac{bc}{ac} + \dfrac{ad}{ac}$

덧셈, 뺄셈 : $\dfrac{b}{a} \pm \dfrac{d}{c} = \dfrac{bc \pm ad}{ac}$

곱셈 : $\dfrac{b}{a} \times \dfrac{d}{c} = \dfrac{bd}{ac}$

나눗셈 : $\dfrac{b}{a} \div \dfrac{d}{c} = \dfrac{b}{a} \times \dfrac{c}{d} = \dfrac{bc}{ad}$

7 복소수

(1) 복소수의 정의

방정식 $x^2 + 1 = 0$의 근의 하나인 $\sqrt{-1}$, 즉 제곱해서 -1이 되는 수를 편의상 기호로서 $j = \sqrt{-1}$로 표시하며, 이것을 허수 단위(imaginary part)라고 한다.

일반적으로 복소수는 $a + jb$형으로 사용하는데 a는 실수부(real part), b는 허수부(imaginary part)라 한다.

(2) 복소수의 사칙연산

$Z_1 = a + jb,\ Z_2 = c + jd$라 하면

1) 더하기, 빼기

$$Z_1 \pm Z_2 = (a + jb) \pm (c + jd) = (a \pm c) + j(b \pm d)$$

2) 곱하기

$$Z_1 Z_2 = (a + jb)(c + jd) = (ac - bd) + j(ad + bc)$$

3) 나누기

$$\frac{Z_1}{Z_2} = \frac{a + jb}{c + jd} = \frac{(a + jb)(c - jd)}{(c + jd)(c - jd)} = \frac{ac + bd}{c^2 + d^2} + j\frac{bc - ad}{c^2 + d^2} \quad (\text{단, } c^2 + d^2 \neq 0)$$

(3) 공액복소수의 성질

$Z = a + jb$에 대하여 $\overline{Z} = a - jb$인 복소수를 Z의 공액복소수라 하며, Z와 $\overline{Z}$는 서로 공액

(conjugate)이라고 한다. 따라서, $Z = a + jb$, $\overline{Z} = a - jb$이다.

1) $Z + \overline{Z}$ = 실수

$\because$ $(a + jb) + (a - jb) = 2a$

2) $Z \cdot \overline{Z}$ = 실수

$\because$ $(a + jb)(a - jb) = a^2 + b^2$

(4) 복소수의 극형식

복소수 $Z = a + jb$를 표시하는 점을 P라 하고, $\mathrm{OP} = r$, $\angle \mathrm{POA} = \theta$라 하면, 다음과 같이 표시한다.

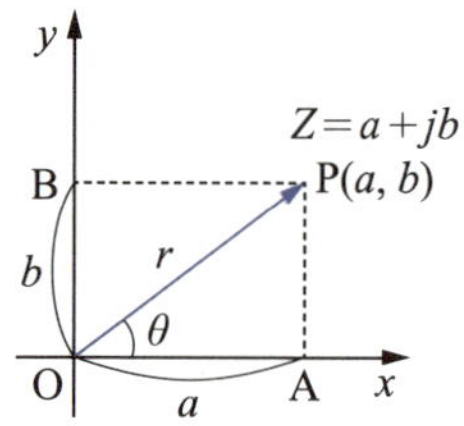

$$r = |Z| = \sqrt{a^2 + b^2}$$

$$\theta = \arg|Z| = \tan^{-1}\frac{b}{a}$$

위의 식에서 복소수 $Z = a + jb$는 r의 θ를 사용해서

$$Z = a + jb = r\cos\theta + jr\sin\theta = r(\cos\theta + j\sin\theta)$$

로 된다. 이것을 복소수 Z의 극형식(polar form)이라고 한다.

(5) 지수함수

복소수 $Z = a + jb$에 대한 지수는 e^Z로 나타내고 다음과 같이 표시한다.

$$e^Z = e^a(\cos y + j\sin y) = \exp Z$$

따라서, 복소수 $a + jb$의 극형식이 다음과 같이 표시됨을 알 수 있다.

$$Z = r(\cos\theta + j\sin\theta) = re^{j\theta}$$

그러므로, 공액복소수 Z의 경우도 같은 방법에 의하여

$$\overline{Z} = a - jb = r(\cos\theta - j\sin\theta) = re^{-j\theta}$$

로 된다.

8 미분

$$y = C \ (C\text{는 상수}) \quad \Rightarrow \quad y' = 0$$

$$y = x^m \quad \Rightarrow \quad y' = mx^{m-1}$$

$$y = f(x)g(x) \quad \Rightarrow \quad y' = f'(x)g(x) + f(x)g'(x)$$

$$y = \frac{f(x)}{g(x)} \quad \Rightarrow \quad y' = \frac{f'(x)g(x) - f(x)g'(x)}{g(x)^2}$$

$$y = \epsilon^{ax} \quad \Rightarrow \quad y' = a\epsilon^{ax}$$

$$y = \sin x \quad \Rightarrow \quad y' = \cos x$$

$$y = \cos x \quad \Rightarrow \quad y' = -\sin x$$

$$y = \tan x \quad \Rightarrow \quad y' = \sec^2 x = \frac{1}{\cos^2 x}$$

9 적분

$$\int x^n dx = \frac{1}{n+1}x^{n+1} + C \quad (n \neq -1\text{일 때})$$

$$\int x^{-1} dx = \int \frac{1}{x} dx = \ln x + C \quad (n = -1\text{일 때})$$

$$\int \sin x \, dx = -\cos x + C$$

$$\int \sin ax \, dx = -\frac{1}{a}\cos ax + C$$

$$\int \cos x \, dx = \sin x + C$$

$$\int \cos ax \, dx = \frac{1}{a}\sin ax + C$$

$$\int \sec^2 ax \, dx = \frac{1}{a}\tan ax + C$$

$$\int kf(x)dx = k\int f(x)dx$$

$$\int [f(x) \pm g(x)]\, dx = \int f(x)dx \pm \int g(x)dx$$

10 SI 단위계

(1) SI 기본단위

양	명칭	단위 기호
길이	미터	m
질량	킬로그램	kg
시간	초	s
전류	암페어	A
열역학적 온도	켈빈	K
물질량	몰	mol
광도	칸델라	cd

(2) 보조단위

양	명칭	기호
평면각	라디안	rad
입체각	스테라디안	Sr

(3) 표준 10진 접두어

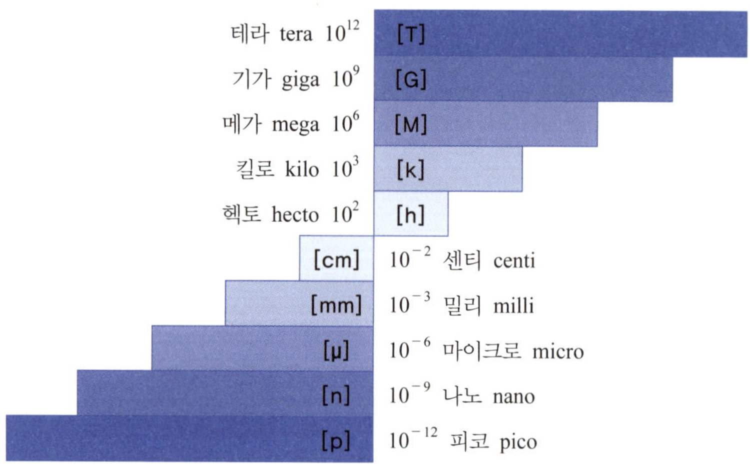

찾아보기

ㅁ

ㅂ

ㅅ

ㅇ

기 타

알기 쉬운 전기공학개론 정가 20,000원

발 행 2025년 3월 10일 2판 4쇄
저 자 조성현
발행인 정우용
발행처 도서출판 동화기술
경기도 파주시 광인사길 201(문발동, 파주출판도시)
Tel (031)955-4211~6 donghwapub@nate.com
Fax (031)955-4217 www.donghwapub.co.kr
(등록) 1977년 12월 19일/9-16호

Printed in Korea
ISBN 978-89-425-9166-4